北京平原区地面沉降多影响因素量化研究

周超凡　陈蓓蓓　宫辉力　著

中国环境出版集团·北京

图书在版编目（CIP）数据

北京平原区地面沉降多影响因素量化研究 / 周超凡，
陈蓓蓓，宫辉力著. -- 北京：中国环境出版集团，
2024. 8. --（环境与资源博士文库）. -- ISBN 978-7
-5111-5948-9

Ⅰ. P642.26

中国国家版本馆CIP数据核字第20249BD929号

责任编辑		殷玉婷
封面设计		宋　瑞

出版发行		中国环境出版集团
		（100062　北京市东城区广渠门内大街 16 号）
		网　　　址：http://www.cesp.com.cn
		电子邮箱：bjgl@cesp.com.cn
		联系电话：010-67112765（编辑管理部）
		发行热线：010-67125803，010-67113405（传真）
印	刷	北京中科印刷有限公司
经	销	各地新华书店
版	次	2024 年 8 月第 1 版
印	次	2024 年 8 月第 1 次印刷
开	本	787×960　1/16
印	张	10.5
字	数	180 千字
定	价	80.00 元

前　言

　　地面沉降是处于平衡状态的含水系统中地下水被抽出后，孔隙水压力减小导致土和水的平衡状态被破坏，有效应力发生变化导致地下土体发生变形的地表现象。地面沉降在区域水循环变化主控作用下，受人为因素和自然因素的共同作用，目前已发展成为全球性、综合性以及多学科交叉的复杂系统问题。北京平原区自 20 世纪 60 年代发现地面沉降以来，已有半个多世纪的历史。长期超量开采地下水，工程活动建设的增强，使得北京地面沉降持续发展。地面沉降尤其是不均匀地面沉降对城市基础设施、高速铁路等重大工程产生了重大的威胁，成为制约区域可持续发展的重大问题，引起了国家和有关部门的高度重视。地面沉降演化机理研究是其调控和治理的科学基础。在京津冀一体化以及南水进京背景下，定量识别北京平原区地面沉降影响因素，系统研究北京平原区地面沉降演化机理，对地面沉降调控，保障区域经济社会可持续发展具有特殊意义。

　　本书通过对国内外地面沉降监测方法和成因机理研究进行学习及总结，针对地面沉降监测信息获取、空间分布特征及其影响因素量化研究问题，以北京平原区为研究区，选取 SBAS-InSAR 和 Quasi-PSInSAR 干涉测量技术，获取平原区地面沉降监测信息。从地面沉降空间格局特征入手，识别地面沉降模式，并在不同土地利用类型区域背景下，分析地面沉降演化特征。引入数据场模型，获取平原区动载荷信息；基于遥感指数，获取平原区静载荷信息；结合机器学习手段，选取随机森林和梯度提升决策树模型，定量分析地下水水位变化、可压缩层厚度、动载荷及静载荷对地面沉降的贡献，定量揭示地面沉降多元场成因机理。本书主要内容和结论包括以下几点：

1. 多平台、多源数据地面沉降监测信息获取

针对大区域长时序地面沉降监测信息获取问题，基于 SBAS-InSAR 和 Quasi-PSInSAR 干涉测量技术，选取 Doris/StaMPS 算法和 SARPROZ 软件，以 2003—2010 年 47 景 ENVISAT ASAR 和 2010—2015 年 48 景 RADARSAT-2 数据为数据源，获取北京平原区长时序地面沉降场监测信息。结果发现，北京平原区地面沉降空间分布具有差异性，地面沉降严重区主要集中在朝阳区东部、通州区西北部、昌平区南部、顺义区西北部和大兴区南部，研究区内形成了多个沉降漏斗。截至 2015 年，北京平原区最大累积沉降量达到 1 357 mm，累积沉降量大于 500 mm 的区域面积达到 463.3 km^2，占研究区总面积比例的 7 %。其中，2003—2010 年，最大年均沉降速率为 134 mm/a；2011—2015 年，最大年均沉降速率为 141 mm/a。对监测结果进行验证发现，2003—2010 年 InSAR 监测结果和水准监测结果的相关系数达到 0.88，2011—2013 年 InSAR 监测结果和水准监测结果的相关系数达到 0.98，研究表明，InSAR 监测结果可靠。

2. 北京平原区地面沉降场演化过程分析

针对大区域地面沉降演化特征定量分析问题，从地面沉降空间格局特征入手，选取莫兰指数和局部莫兰指数，识别北京平原区地面沉降空

间分布模式；提出地面沉降演化特征分析新视角，在不同土地利用类型区域，探讨地面沉降演化特征。结果发现，北京平原区中 38 个乡镇属于地面沉降高值集聚模式区，主要分布在北京平原区的西北部和东部；60 个乡镇或街道属于地面沉降低值集聚模式区，主要分布在北京平原区中部。地面沉降量范围在 800～1 327 mm 的区域与浅表层空间利用为建设用地区域对应关系最强，地面沉降量范围集中在 600～800 mm 的区域与未利用土地区域对应关系最强，表明研究区内建设用地和未利用土地区域地面沉降问题不容小觑，需重点关注。

3. 北京平原区地面沉降影响因素量化分析

针对区域地面沉降影响因素定量研究问题，从地面沉降多元场耦合研究入手，引入数据场模型，获取动载荷信息场；将地下水降落漏斗与地面沉降空间分布进行叠加分析，探讨不同土地利用类型区域内，不同层位地下水水位变化与地面沉降响应特征；选取 IBI 建设用地指数，获取静载荷信息场；从大数据角度出发，选取机器学习技术中的随机森林和梯度提升决策树模型，将地下水水位变化、可压缩层厚度、动载荷信息和静载荷信息作为地面沉降的典型影响因子，定量分析各影响因子对地面沉降的贡献率，揭示地面沉降多元场成因机理。结果发现，可压缩层厚度对地面沉降的贡献最大，可达到 35% 左右；其次为地下水水位变化，贡献率为 30% 左右；对地面沉降影响最小的是静载荷，贡献率为 10% 左右。

本书的主要内容是以首都师范大学教师周超凡的研究成果为基础完成的，主要撰写工作由周老师承担。首都师范大学陈蓓蓓老师在技术方法方面做了贡献，宫辉力老师在研究思路和设计方面给予指导。同时，首都师范大学硕士生高晓丹参与了全部书稿的文字校对修改工作，硕士生王霖和李晓娟参与了书稿部分章节整理校对工作，他们为本书的撰写提供了支持。特别感谢作者父母及家人的付出和理解，感谢导师的精心指导和关心。诚挚感谢中国环境出版集团的殷玉婷编辑以及全体工作人员对本书出版的付出。此外，本书参考了国内外相关专家学者的学术论文，在此一并表示衷心的感谢。

本书的出版得到了国家自然科学基金青年项目（项目编号：42201081）、国家自然科学基金重点项目（项目编号：41930109）、国家自然科学基金面上项目（项目编号：42371081、42371089）、北京高校卓越青年科学家计划项目（项目编号：BJJWZYJH01201910028032）、北京市教育委员会科学研究计划项目（项目编号：KM202210028010）的资助，在此表示衷心的感谢。

由于作者水平有限，书中不足之处在所难免，恳请专家和广大读者批评指正。

目　录

第1章　绪　论 1

  1.1　背景 1

  1.2　国内外研究现状 4

  1.3　研究目标与研究内容 12

  1.4　创新点 15

  1.5　小结 15

第2章　研究区概况 16

  2.1　地理位置及地貌特征 16

  2.2　气候与降水情况 17

  2.3　区域地质概况 19

  2.4　小结 21

第3章　研究方法与数据处理 23

  3.1　研究方法 23

  3.2　SAR 数据选取和数据处理过程 31

  3.3　数据结果验证 42

  3.4　小结 45

第4章　北京平原区地面沉降演化特征分析 46

  4.1　北京平原区地面沉降分布特征分析 46

  4.2　北京平原区地面沉降演化趋势分析 54

4.3　北京平原区地面沉降空间格局特征分析 61

4.4　小结 74

第 5 章　北京平原区不同土地利用类型的地面沉降特征分析 76

5.1　基于面向对象的高分遥感影像分类 76

5.2　不同土地利用类型的地面沉降特征分析 79

5.3　小结 91

第 6 章　北京平原区地面沉降成因机理研究 92

6.1　地下水流场与地面沉降场响应特征分析 92

6.2　基于数据场的动载荷与地面沉降的响应关系分析 107

6.3　基于遥感建设用地指数的静载荷与地面沉降的响应关系分析 114

6.4　基于机器学习的北京平原区地面沉降影响因子权重研究 117

6.5　小结 137

第 7 章　总结与展望 139

7.1　总结 139

7.2　展望 141

参考文献 143

缩写词索引 155

名词解释 156

公式释义 157

第1章 绪 论

1.1 背景

地面沉降是一种地面标高损失的环境地质现象，在自然因素和人为因素共同作用下发生，是一种不可补偿的永久性环境和资源损失，严重时会导致一系列地质环境灾害发生，形成灾害链。相关资料显示，全世界已经有 150 多个城市地区发生不同程度的地面沉降。地面沉降已成为一个全球性、多学科交叉的复杂环境地质问题。联合国教科文组织地面沉降国际倡议组织（UNESCO LaSII）在《科学》（Science）发表文章指出，到 2040 年，地面沉降可能影响全球约 19%的人口，总计约 16 亿人，其中 86%的人生活在亚洲。地面沉降已经引起了国际社会的广泛关注，联合国教科文组织地面沉降国际倡议组织、国际水文科学协会、国际地质科学联合会和美国地质调查局等组织团体已经开展了一系列的研究，共同探讨地面沉降监测技术与防治问题。

1891 年，墨西哥城最先被发现出现地面沉降，局部地区地面沉降速度已经达到 35 cm/a，部分区域的累积沉降量已超过 15 m，墨西哥城成为全球地面沉降最严重的区域之一。1898 年，日本的新潟同样被发现出现地面沉降，至 1958 年，地面沉降速率达到 53 cm/a，成为日本地面沉降最严重的区域。1922 年，美国的加利福尼亚州萨克拉门托被发现有地面沉降，至 1995 年，美国先后有 50 多个州发生地面沉降。进入 20 世纪，随着全球气候变化、区域经济迅速发展，世界上已有 150 多个国家或地区发生了地面沉降，而比较严重的国家有墨西哥、日本、美国、意大利、荷兰、澳大利亚、俄罗斯和中国等。

在我国，地面沉降问题同样不容小觑。1921 年，上海首先发生地面沉降，由于没有及时采取控制地面沉降的措施，地面沉降持续发展，到 1956 年，上海地面沉降中心最大沉降量达到 2.63 m，而年均最大沉降量达到 110 mm。1970 年以后，随着城市经济的不断发展，地下资源开采强度逐渐增大，我国长江三角洲地区及河北、北京、天津等地也先后出现了地面沉降现象。1980 年，长江三角洲和黄淮海平原地区已成为我国最严重的地面沉降发生地，区域内最大累积地面沉降量已经超过 3 m，年均地面沉降速率达到 100 mm/a。《中国地面沉降现状图》成果显示，截至 2015 年年底，我国已有 21 个省（直辖市）的 102 个地级及以上城市发生地面沉降，2015 年，全国地面沉降严重区（地面沉降速率大于 50mm/a）的面积为 $1.24 \times 10^4 km^2$，主要分布在北京、天津、河北、上海、江苏、浙江和陕西等地，从全国来看，地面沉降较严重的地区主要分布在华北平原、长江三角洲和汾渭盆地，区域内地面沉降速率和范围呈扩大趋势。现有资料显示，截至 2012 年，华北平原累积地面沉降量大于 200 mm 的区域面积达到 $6.89 \times 10^4 km^2$，长江三角洲累积地面沉降量大于 200 mm 的区域面积达到 $1 \times 10^4 km^2$，汾渭盆地累积地面沉降量大于 200 mm 的区域面积达到 $1.45 \times 10^4 km^2$。地面沉降成为继崩塌、滑坡、泥石流之后，我国地质灾害中又一种主要类型。地面沉降形成时间长、影响范围广且难以恢复，现已成为影响我国区域经济可持续发展的重要因素之一。

"南水"进京前，北京市的城市供水 2/3 来自地下水。随着城市人口的增长，城市规模的扩大，城市用水量也逐渐增大，高强度的地下水开采，导致北京地下水水位持续下降。1999—2013 年，北京地下水水位平均每年下降 1 m，水位的下降导致了地面沉降的发生。资料显示，1935 年，北京西单—东单区域最早发现地面沉降，在此之后，北京地面沉降呈持续发展趋势。北京地面沉降大致可分为 4 个阶段，分别为发展阶段（1973—1983 年）、扩展阶段（1983—1999 年）、快速发展阶段（1999—2014 年）和沉降减缓阶段（2015 年至今）。

北京平原区地面沉降呈快速发展趋势，使得北京平原区已经形成了 5 个较大的地面沉降漏斗，分别为东郊八里庄—大郊亭、东北郊来广营、昌平沙河—八仙庄、大兴榆垡—礼贤、顺义平各庄沉降区，沉降中心累积沉降量分别达到 722 mm、565 mm、688 mm、661 mm、250 mm。地面沉降持续发展导致大量水准点失准，地面标高损失，加剧了城市内涝，已经影响了城市建设的布局和规划，而地表高密度的高层、超高层建筑的集中建设，高速地上、地下交通网的施工和运营，使局部动静载荷增加，发生局部不均匀差异沉降，导致区内建筑物和地下管网安全受损，高速公路、铁路等交通设施的运营安全受到威胁。

地下水长期超量开采、区域水循环变化、城市及其影响区动静载荷的共同作用，制约着当前阶段北京区域地面沉降的动态平衡和演化规律。精确获取区域地面沉降信息，掌握区域地面沉降时空演化特征，定量识别区域地面沉降影响因素贡献，揭示区域地面沉降演化机理，是实现区域地面沉降调控与治理的重要基础。因此，开展地面沉降的研究，对预防、控制和减缓地面沉降的发生、发展具有重要的理论和现实意义。本书的研究意义如下：

（1）理论方法意义

传统监测形变的精密水准测量、分层标技术以及全球定位系统（GPS）等监测技术虽然精度较高，但是由于设备造价高、数据的缺失和难以获取大范围地面沉降信息，往往给地面沉降的分析工作带来困难。InSAR 监测技术具有监测范围广、监测精度高（已达到毫米级）、全天候监测等特点，本研究综合 InSAR 监测技术，获取高精度长时序地表沉降场信息，提高区域尺度地表形变监测能力和精度。同时，从大数据角度出发，利用机器学习中的特征选取技术，量化归因不同影响因素对地面沉降的影响，丰富区域地面沉降的高精度监测和成因机理研究技术体系。

（2）实际应用意义

长期超量开采地下水，导致地下水水位持续下降，使北京平原区地面沉降呈快速发展态势。同时，在城市快速发展过程中，大量高层、高密度的城市建筑和高速立体的轨道交通网络，形成的区域动静载荷应力场，加剧了北京地面沉降的发展。20 世纪 90 年代，北京平原区地面沉降区面积已达到 2 000 km^2。截至 2017 年，沉降区中心最大累积沉降量超过 1.8 m，最大沉降速率达到 159 mm/a。地面沉降持续发展，尤其是不均匀沉降导致建筑物地基下沉、道路开裂，给人们带来巨大的安全隐患与经济损失，制约了城市可持续发展。地面沉降作为北京平原区主要地质灾害之一，对北京城市发展造成一定的负面影响，其潜在的危害和经济损失已经受到社会和政府的关注与重视。本研究以北京平原区为研究区，开展复杂条件下地面沉降演化特征与量化归因研究，为区域地面沉降科学调控提供重要依据，具有一定的实际应用意义。

1.2 国内外研究现状

在全球气候变化、区域经济迅速发展的背景下，区域地下水开采量的急剧增加，引发了一系列的区域地面沉降问题。目前，地面沉降已经引起了国际社会的大力关注，如国际地质对比计划（International Geological Correlation Programmes，IGCP）和其所属 M3EF3（Deformation and Fissuring Caused by Exploitation of Subsurface Fluids）项目等，1969—2023 年，国际上已经举办了 10 次地面沉降研讨会。我国也在 2023 年召开了第六届全国地面沉降防治学术研讨会，地面沉降问题已逐渐受到全世界专家学者的重视。经过半个多世纪的研究与探讨，国内外众多专家学者在地面沉降监测、地面沉降演化特征和地面沉降成因机理等方面获得了重要进展。

1.2.1 地面沉降监测技术

应用 InSAR 技术获取地表形变信息最早可追溯到 1989 年，Gabriel 等利用 InSAR 技术，选取 Seasat 数据对美国 Imperial 峡谷进行监测，获取农田土壤灌溉过程中的地表形变信息。近 20 年来，InSAR 技术已成为一种全新的对地观测技术，相较于传统的水准测量、分层标测量和 GPS 测量等技术，InSAR 技术的监测范围广、监测精度高（可达到毫米级），并且可以全天候监测，现已被专家学者广泛应用于地面沉降监测研究中。目前主要的时序 InSAR 技术方法有干涉图叠加（Stacking）方法、永久散射体干涉测量（PSI）技术、小基线集干涉测量（SBAS-InSAR）方法、最小二乘技术（LS）方法、相干目标技术（CPT-InSAR）方法、临时性相干点测量（TCP-InSAR）方法和干涉点目标分析（IPTA）方法。

Stacking 技术最早由 Sandwell 等于 1998 年提出，该方法主要是假设大气误差和地形误差对相位影响的随机性，对解缠后的相位做平均或加权平均，用以降低相位中的噪声影响，Sandwell 等利用 Stacking 方法对 Landers 地震地区的震后地表形变进行分析，研究发现，该方法可以削弱干涉相位中轨道误差、地形误差和大气误差的影响。自此之后，国内外众多专家学者利用此方法进行地表形变方面的应用研究，主要有：土耳其安纳托利亚断层的滑动速率以及西藏地区发生地震期间 Altyn

Tagh 断层区域的左盘及右盘滑动速率监测；法国 Vauvert 盐矿区地表形变监测；美国 Nevada 地震带区域形变监测；美国加利福尼亚州圣安德烈斯断层滑动速率监测；中国青藏高原东北缘区域多条活动断层的形变特征获取等；天津地区、珠江三角洲、西安地裂缝带、古交矿区、徐州沛北矿区、青藏高原东北缘老虎山断裂带的地表形变速率场获取以及西南山区滑坡探测。Stacking 方法属于传统的干涉方法，它基于面进行观测，在使用 Stacking 方法时，要保证试验区整体上有较好的相干性，至少要有一片连续的相干区域。然而，在实际应用中，Stacking 方法仅挑选少量相干性好的干涉图用于叠加分析和形变信息提取，大量相干性较低的干涉图被丢弃。这样一来，雷达数据得不到充分利用，累积观测时长也受到了限制。

PSI 技术最早由意大利学者 Ferretti 等提出，PSI 技术识别出的 PS 点，也称永久散射体，通常为裸露的岩石、建筑物、道路等相位较稳定的点，通过对所选取的 PS 点进行时空滤波等处理，获取 PS 点处相对稳定可靠的形变估算结果。这种技术可以很好地克服传统差分干涉测量（D-InSAR）技术中相位失相关和大气延迟等因素的影响。在国际上众多学者展开了深入研究，并先后将 PSI 技术应用于各个地区的地面沉降监测研究，主要包括：结合 PSI 技术、GPS 技术和水准测量技术分别提取意大利中部地表形变信息数据、旧金山 Bay 地区的垂直构造运动信息和波兰的上西里西亚煤盆地东北地区地表沉降信息，研究发现，PSI 技术、GPS 技术和水准测量技术三者可以互补，3 种技术的协同使用可以提高获取的地表形变监测信息的质量和可靠性，监测精度可达毫米级。也有研究学者选取 JERS-1、ERS 1/2、ENVISAT ASAR、RADARSAT-1/2 和 TerraSAR-X 等 SAR 数据，利用 PSI 技术获取区域地面沉降信息。Lesniak 等利用 PSI 技术获取波兰上西里西亚煤盆地东北部地区的地表形变，研究证明了 PSI 技术在煤矿采区监测地表形变的能力。Kim 等基于 1992—1998 年的 JERS-1 雷达数据，获取韩国木浦市地面沉降信息，识别到了两个沉降区域，最大沉降速率超过 6 cm/a。Ciampalini 等基于 ERS 1/2、ENVISAT ASAR 和 RADARSAT-1 数据，利用 PSI 技术获取意大利西西里岛圣弗拉泰洛市山体滑坡后建筑的形变信息，研究发现，利用 PSI 技术能获得可靠的形变估算结果。

由于 PSI 的优势，国际上众多学者开展了深入研究，Berardino 等（2003）和 Lanari 等（2004）先后提出了一种新的时序 InSAR 测量方法——小基线集干涉测量（SBAS-InSAR）技术，该方法以 PSI 为基础，不仅能克服空间时间失相关和大气延迟等因素的影响，并且相较于 PSI 技术，利用 SBAS-InSAR 技术对缺乏强后向散射特征，但在短时间间隔内保持较好相干性的像元进行识别，可以获得更为连续的形变信息，从而更加适用于长时间缓慢形变的地表监测中。国内外专家利用 SBAS-InSAR 技术，分别选取 ERS 1/2、ENVISAT ASAR、COSMO-SkyMed 数据监测地面沉降信息，研究发现，SBAS-InSAR 技术具有一定的优越性；Hooper 为了提高形变监测结果的可靠性和准确性，将 PS-InSAR 技术和 SBAS-InSAR 技术融合，利用融合后的技术提取冰岛地区火山形变信息。Lanari 等和 Sowter 等利用 SBAS-InSAR 技术分别获取意大利中部地区 2009 年拉奎拉地震前后和墨西哥地区的地表形变信息，研究发现地震后的位移很可能与断层后滑动有关，墨西哥城市视线向地表形变速率为 24 cm/a，垂直向地表形变速率为 40 cm/a。

　　LS、CPT-InSAR、TCP-InSAR 和 IPTA 技术方法具有一个相同点，首先考虑雷达影像间的相关性，选取相关性较大的雷达影像组成干涉像对，并对这些干涉像对生成干涉图，其次从这些干涉图中选取相干性较高的点，一般选取相干性大于 0.6 的点，最后对这些具有高相关性的点目标进行组合，进行后续分析得到形变信息。其中 LS 技术方法由 Usai 提出，他将房屋和道路等在干涉图中保持高相关性的地物作为相干点，通过这些高相干点来监测长时序的地表形变，求解形变速率时按照最小二乘问题进行解算；Cuenca 等将 LS 技术方法和 PSI 技术方法融合，分析荷兰南部区域时序地表形变特征，结果与原位水测量对比发现有较好的精度。CPT-InSAR 由 Blanco-Sánchez 提出，该方法是将 PSI 方法与 SBAS-InSAR 方法特点相结合，在确保有足够的高相干点的基础上，将干涉对的时空基线距离加大，来增加干涉图的数量，在此过程中确保了形变演算的精度，并且只需要少量的雷达数据就能计算，但此方法在大范围的形变演算方面不具有优势。葛大庆等对 CT-InSAR 技术方法进行改进，将改进的 CT-InSAR 方法应用于华北平原地表形变监测中，研究发现，该方法适用于大面积地面沉降监测。TCP-InSAR 技术由 Zhang L 提出，该技术方法适用于城市建筑物监测，由于建筑物是随着时间变化而变化，因此该方法能够在干涉像对中尽可能保证足够的相干目标点。Dai 等对 TCP-InSAR 技术进行改进，提出了一种 USB-TCPInSAR 超短基线临时相干点目标识别方法，利用此方法获取穿过武清区域的一条高速铁路沿线和上海的地面沉降漏斗信息。研究发现，在获取地表沉降信息的过程中，不使用外部 DEM 的情况下，该测量方法也能达到较好的测量效果。结合多源雷达数据获取舟曲县滑坡形变信息，可以发现，利用 TCP-InSAR 技术获取到的三维形变信息结果较视线向形变更加明显。IPTA 是针对选中的目标点的相位进行分析的一种技术方法，由 Werner 于 2003 年提出，后人利用 ERS 1/2 和 ENVISAT ASAR 等数据采用 IPTA 技术获取威尼斯、罗马等地的地面沉降信息。

国内利用 InSAR 技术监测地面沉降可以分为两个阶段，2000 年以前，国内专家学者主要是对 InSAR 技术理论和算法等的学习、综述和试验性研究。2000 年以后，国内专家学者逐步将 InSAR 技术引入区域地表形变信息的获取以及演化机制分析中。李德仁等和廖明生等阐明了 InSAR 技术的应用领域，重点列出 InSAR 技术在地形测量、火山地形测量以及地面沉降监测中的优势和未来发展的方向。王超等、张勤等和陶秋香等基于欧洲航天局 ERS-1/2、ALOS PALSAR 和 ENVISAT ASAR 雷达数据，采用 D-InSAR 技术分别成功获取苏州、西安和济宁地面沉降形变信息，并进行时空演化特征研究。葛大庆等、张学东等、曲菲霏和张海波等选取 ENVISAT ASAR 数据和 TerraSAR-X 影像数据，利用 IPTA 技术获取各地区地面沉降信息，研究发现，该技术方法监测形变可达到毫米级。针对北京区域地面沉降问题，采用多源 InSAR 技术获取北京地面沉降监测信息，结合水文地质手段，进行多学科交叉研究，系统阐述北京地面沉降空间演化规律。同样地，利用 TerraSAR-X、ENVISAT ASAR 和 ALOS PALSAR 数据，结合 PS-InSAR 技术可以获取区域高精度地面沉降形变信息。葛大庆等、吴宏安等、尹宏杰等、杨成生等、林辉等和张金芝等利用 SBAS-InSAR 技术，选取 ENVISAT ASAR、ALOS PALSAR、COSMO-SkyMed 和 ERS 1/2 雷达数据，获取地表形变信息，研究发现，SBAS-InSAR 技术在城市地表形变监测中表现出极大的潜力和优势。

1.2.2　地面沉降影响因素

地面沉降发生的原因包含自然地质因素和人为因素两个方面，自然地质因素主要为地壳的升降运动、土层的自然固结、火山等地质构造活动；人为因素主要为地下流体资源的开采、工程施工和建筑载荷等，长期以来，国内外学者在人为因素导致的地面沉降上研究较多，目前，80%的地面沉降均是超采地下水资源导致的。在传统机理研究方面，1984 年，Poland 和 Davis 发表了名为由于抽取地下流体引起的地面沉降，研究选取 1925 年由 Terzaghi 提出的太沙基土体固结理论方法，将地下水开采和土层压缩结合起来进行分析，研究指出，开采地下水是引起地面沉降的外因。在此之后，部分国外学者就采用传统的土工试验和抽水试验等技术手段进行研究，并取得了众多成果。其中包括 Teatini 等利用有限元水流模型以及孔隙弹塑性模型对艾米利亚-罗马涅沿海地区地面沉降过程进行反演，研究结果表明，地下水开采是发生地面沉降的主要原因。Burbey 利用水头和形变数据，建立水流和形变模型，联合参数评估进一步解释含水层系统的特征，量化水力特性。Budhu 等提出了地下水抽水应力状态变化的基本力学公式，研究发现，地下水开采导致了地面沉降的发生。Bakr 基于最大后验方法建立模型，研究发现，蠕变压实对地面沉降的贡献比较显著。Yasuhara 等将野外测量与数值模拟相结合，发现在日本东海岸，发生地面沉降的原因是土层的砂质沉积物液化和黏土层孔隙水压力消失。Motagh 等分析了伊朗拉夫桑扬地区近 10 年的地面沉降情况，阐述了地面沉降已经严重影响和减少了农业用地使用区域，发现地下水变化与地面沉降有明显的相关性。综上可知，针对饱和土体的地面沉降机理和孔隙水运营机制问题，部分学者常用有效应力原理来解释，而针对非饱和土体方面的地面沉降机理，多数学者常用比奥的线性固结理论来解释。

近 20 年，随着 InSAR 等遥感技术的发展，一部分国外学者开展了大量 InSAR 技术与水文地质、工程地质技术方面交叉的研究工作。主要包括：Bell 等选取 PSI 技术及 GPS 技术获取拉斯维加斯 1992—1996 年、1996—2000 年和 2003—2005 年的地面沉降信息，研究发现，尽管在长期的人工补给地下水的情况下，地下水水位呈不断上升趋势，但在山谷的几个区域，无弹性的水系统压实导致的地面沉降仍在继续。Burbey 等对一个新的监测井进行为期 62 天的含水层状态试验，揭示含水层系统释水形变机理，结果表明，在抽水后的 35~40 天，水位保持在 5 m；在 35 天之后，继续抽水的情况下，土体垂直形变呈现减小状态，研究发现，释水的形变机理是水力的各项异性和水力渗透系数的主方向与释水的方向和数值是保持一致的。Chaussard 等利用 PSI 技术并选取 ALOS 影像，获取印度尼西亚西部及整个墨西哥中部地区的地面沉降信息，并将观测到的沉降信息与地质情况和土地利用信息联系起来，研究发现，在农业用地和工业用地土地利用类型区域，地下水的超量开采导致了地面沉降，在司马威和诗都阿佐县附近，地面沉降发生的原因是开采天然气。Boni 等选取因长期开采地下水而发生地面沉降的西班牙南部区域作为研究区，利用 D-InSAR 技术和 1992—2007 年的 ERS 及 ENVISAT ASAR 数据获取地面沉降信息，研究发现，地面沉降与可压缩冲积沉积物的厚度直接相关，自 20 世纪 70 年代以来，由于过度开采，瓜达伦廷河上游地区含水层系统，导致 $100\sim200$ m 的地下水水位下降，由此产生了地面沉降。孔隙压力的异常低压导致超过 100 m 细粉层固结非常缓慢，并且低垂直的液压渗透率（大约 50 m/h）的黏土层仍未达到最大沉降值。Sergey 等针对美国阿拉斯加的高铁项目产生的地面沉降问题，利用 MSBAS 技术，选取 49 景升轨和 46 景降轨数据获取西雅图地区垂直及水平形变信息，并利用椭圆模型反演出和地下水开采相关的物理参数，分析地面沉降的成因，结果发现，地面沉降与水泵以及研究区内含水层的位置密切相关，并且地面沉降的快速发生导致城市基础设施受到额外压力，尤其是古老的历史建筑和高层建筑。由于 InSAR 技术的发展，众多专家学者对一些难以获取形变信息的区域进行地面沉降的分析，Cristina 等针对威尼斯潟湖盐沼区域长期地面沉降问题，利用 PSI 技术及 143 景 TerraSAR-X 数据获取威尼斯盐沼的地面沉降特征，并建立了盐沼垂直动态的定量概念模型，研究发现，人工湿地区域地面沉降比自然盐沼区域地面沉降大得多，并且地面沉降与沼泽年龄呈显著负相关关系。

我国专家学者在地面沉降量化归因分析方面同样进行了大量研究，并取得了丰硕成果。其中一部分专家学者致力于传统地质方面的地面沉降归因机理研究，主要利用土工试验、地下水和地面沉降模型等，探讨地面沉降的演化机理，例如，龚士良、叶淑君等、薛禹群等和罗跃等均致力于上海地面沉降的研究，对上海软黏土的孔隙及其结构形态等物理化学各方面因素进行分析，发现人工回灌并不是控制上海地面沉降的理想手段，结合室内试验和大量观测资料，全面系统地分析上海地面沉降过程中各土层变形的特征，研究发现，地面沉降受多种因素影响呈现出空间分布的复杂性，而同一土层在不同地点、不同时期的变形特征差异较大。李红霞等提出一种基于混沌 BP 算法的地面沉降模型，研究不同含水组地下水水位变化对地面沉降的影响，结果发现，第四含水层组对地面沉降的影响程度最大。丁德民等建立地下水和高层建筑载荷叠加的三维地面沉降模型，研究发现，地下水和载荷叠加作用对地面沉降有耦合效应，并且叠加作用产生的地面沉降值要比单独作用的沉降值大。骆祖江等、金玮泽等和贾莹媛等建立地下水与地面沉降耦合模型，模拟和预测深基坑降水与地面沉降问题，并探讨地下水水位变化与地面沉降变化趋势特征。熊小锋等和董成志等将地下水开采导致的地面沉降作为一种多场耦合问题，选用 TOUGH2、FLAC^{3D} 以及 MODFLOW 软件进行地面沉降模拟研究，对地面沉降演化机理进行研究，探讨地面沉降控制策略，为地面沉降防治提供理论依据。随着对地观测技术 InSAR 在地面沉降中的广泛应用，众多专家学者对 InSAR 技术与水文地质学技术进行交叉研究，用于揭示地面沉降的归因机理。例如，宫辉力等针对北京区域地面沉降问题，利用 InSAR、GPS、GRACE 等高新技术，结合常规立体监测网对地面沉降演化机理进行研究，研究结果表明，长期超量开采地下水是北京地区地面沉降发生的主要原因，动静载荷能够改变区域地面沉降演化趋势。何庆成等和朱菊艳等针对长期超量开采地下水导致的华北平原大面积地面沉降等问题，采用空间分析技术，分析深层含水层地下水开采量与地面沉降响应关系。石建省等和张永红等利用 MCTSB-InSAR 技术获取京津冀地区 22 年的地面沉降信息，对深层水水位变幅情况进行分析，探讨深层地下水开采利用和地面沉降的响应关系。瞿伟等采用 GPS 和 InSAR 相结合的方法研究西安及汾渭盆地地面沉降，研究结果表明，地下水过量抽取和大规模施工建设是地面不均匀沉降发生的重要成因。李曼等利用 InSAR 及水准监测技术，综合地下水开采和降水量等数据，分析山东德州地区以及唐山曹妃甸新区地面沉降季节性空间分布特征。

1.2.3　北京地面沉降研究现状

北京地面沉降最早于 1935 年在西单到东单一带被发现，当时的地面沉降速率较低，1935—1952 年，最大累积沉降量仅为 58 mm，截至 2017 年，最大累积沉降量达到 1.8 m，累积量超过 100 mm 的区域面积达到 4 000 km^2，历史最大沉降速率达到 159 mm/a，地面沉降当下仍处于快速发展阶段。大量文献表明，北京平原区地面沉降发生发展的主要诱因是地下水的超量开采，而平原区的地层岩性和土层结构是发生发展地面沉降的主要内因。在北京地面沉降监测信息获取方面，2002 年开始，北京市水文地质工程大队致力于北京地面沉降监测网的建设，地面沉降监测网主要包含水准测量、基岩标、分层标监测、GPS 测量、地下水水位监测井以及 InSAR 技术监测，王荣等、田芳等和姜媛等利用分层标和地面沉降监测站的地面沉降监测数据，结合地下水分层监测数据和地质情况，分析地下水水位变化、区域构造、地层结构、可压缩层厚度和城市建设影响对北京平原区地面沉降的影响，结果发现，地层岩性及其结构特征是发生地面沉降的重要地质背景，地下水超量开采是地面沉降的直接原因。王洒等、雷坤超等和刘欢欢等利用 PS-InSAR 技术分别获取北京怀柔应急水源地、北京平原区以及京津高铁沿线地面沉降信息，研究发现，InSAR 技术较传统地面沉降监测技术具有大范围、高精度等优势。在北京地面沉降影响因素方面，贾三满等和杨艳等对北京平原区含水层组和可压缩层进行划分，分析各含水层水位变化与地面沉降响应关系，并采用室内实验法研究北京东部沉降区黏土压缩变形特征，研究发现，地下水的超量开采是地面沉降发生的主要原因，地层岩性及其结构是地面沉降发生的主要地质背景，在外部加载条件下，黏性土的变形量要大于粉土，并且压力越大，变形量差异越大。杨健等和周毅等分别利用太沙基一维固结理论建立地质模型和灰色线性组合回归模型，通过已知的累积沉降量和承压水变化值反演地层压缩变形参数，进而利用预估的水位变化值计算地面沉降量值。范珊珊等采用最小二乘法理论获取到的回归方程系数，建立地下水开采和地面沉降的线性回归模型，利用模型对北京天竺地区地下水开采和地面沉降相关关系进行分析，研究发现，二者之间存在一定的线性关系。高明亮等和陈密等分别选取 SBAS-InSAR 技术对北京平原区及首都机场地区地面沉降特征进行了监测，研究发现，地下水超采、地质构造等因素均与北京的地面沉降有一定关系，利用连续小波变换方法分析地面沉降与地下水动态响应关系，发现地面沉降漏斗中心附近的水位与沉降均呈下降趋势，而漏斗边缘水位呈现季节性波动特征。陈蓓蓓等选取融合小基线和永久散射体技术和 ENVISAT ASAR 数据获取北京平原区地面沉降信息，基于 GIS 技术分析影响地面沉降的因素，研究发现，北京平原区不均匀沉降特征明显，地面沉降速率的季节性变化可能会受到降水变化和地下水开采的影响，第二承压含水层（100～180 m）对地面沉降影响最大。

综上所述，在地面沉降监测信息获取方面，时序 InSAR 技术种类繁多，应针对不同研究区的特点选取合适的 InSAR 技术方法。本研究区域为北京平原区，该区域地质条件复杂，对时序监测信息精度要求较高，由于 SBAS-InSAR 技术较其他几种 InSAR 监测技术可以获取更为连续的形变信息，故选取 SBAS-InSAR 技术获取北京平原区地面沉降信息。在地面沉降演化特征方面，目前的研究主要集中在"面"上，主要包括基于 PS 点的年均沉降速率和时序沉降速率特征的研究，而基于"体"的地面沉降场演化特征的研究明显不足。在地面沉降影响因素方面，基于大区域动载荷与地面沉降响应关系的研究较少，并且在进行地下水水位变化、动静载荷、可压缩层厚度等地质条件和区域构造等影响因素与地面沉降的相关关系研究时，主要为定性研究，而较少定量地描述各个影响因素对地面沉降的贡献程度。

1.3　研究目标与研究内容

1.3.1　研究目标

在京津冀一体化背景下，选取北京平原区作为研究区域，采用多平台、多源时序 InSAR 技术获取地面沉降场监测信息，从地面沉降场空间格局特征入手，优化选取统计分析及 GIS 空间分析技术，分析不同土地利用类型区域地面沉降特征，阐述北京平原区地面沉降场演化特征，基于数据场模型，最优选取场函数中的影响因子，获取北京平原区动载荷空间分布图，在此基础上，从大数据角度出发，结合空间数据挖掘和机器学习手段，定量分析不同影响因素（地下水水位、可压缩层厚度和动静载荷）对地面沉降的贡献率，揭示北京平原区地面沉降成因机理，为区域地面沉降调控提供重要的科学依据。

1.3.2　研究内容

本书选取北京平原区作为研究区域，利用 SBAS-InSAR 和 Quasi-PSInSAR 技术获取研究区时序地面沉降场监测信息，综合统计分析、GIS 空间分析、空间数据挖掘和机器学习等技术，揭示北京平原区地面沉降场演化特征和成因机理，具体研究内容如下：

（1）北京平原区时序地面沉降信息获取

常规 PS-InSAR 处理技术对影像数据集的要求较高，其选取的 PS 点在时间上需具有较高相关性，为克服时间与空间失相关和大气延迟等相位噪声影响，计算精确可靠的形变反演结果，本研究选用 StaMPS 算法和 SARPROZ 软件中的 SBAS-InSAR 技术，分别以 2003—2010 年 47 景 ENVISAT ASAR 和 2010—2015 年 48 景 RADARSAT-2 数据为数据源，获取北京平原区地面沉降场监测信息。

（2）北京平原区地面沉降空间格局特征分析

基于北京平原区地面沉降监测信息，选取全局莫兰（Global Moran's I）指数和局部莫兰（Local Moran's I）指数获取北京平原区空间格局特征，结合莫兰散点图从定量的角度分析北京平原区地面沉降模式特征及沉降不均匀性特征。

（3）不同浅表层利用区域地面沉降特征分析

将高分辨率遥感影像作为数据源，对北京平原区进行地物分类，划分不同土地利用类型区域，对地面沉降速率进行分类，结合对应分析及 GIS 空间分析方法，探讨不同浅表层利用区域地面沉降差异特征。

（4）北京平原区动载荷信息获取

提取北京平原区内的道路节点信息和地铁站点信息，应用数据场模型对节点信息进行扩散，选用黄金分割法获取场函数中的最优影响因子值，得到最小熵的势值场分布，此时可以获取完整动载荷信息，生成动载荷数据视场，得到场势值，作为第 6 章地面沉降成因机理分析中的动载荷因子。

（5）北京平原区地面沉降量化归因分析

将地面沉降量作为因变量，各影响因素（地下水水位变化值、可压缩层厚度值、动载荷势值和静载荷 IBI 值）作为自变量，利用机器学习中的特征提取方法，选取随机森林和梯度提升决策树模型，对模型参数进行自动调参，选取最优参数，获得不同影响因素对北京平原区地面沉降的贡献率。

1.3.3 技术路线

在收集研究数据的基础上，针对北京地面沉降演化机理方面问题，选取 SBAS-InSAR 和 Quasi-PSInSAR 测量技术，获取北京平原区地面沉降信息，综合空间统计分析、空间数据挖掘和机器学习方法，研究地面沉降场演化特征和成因机理，总体技术路线如图 1-1 所示。

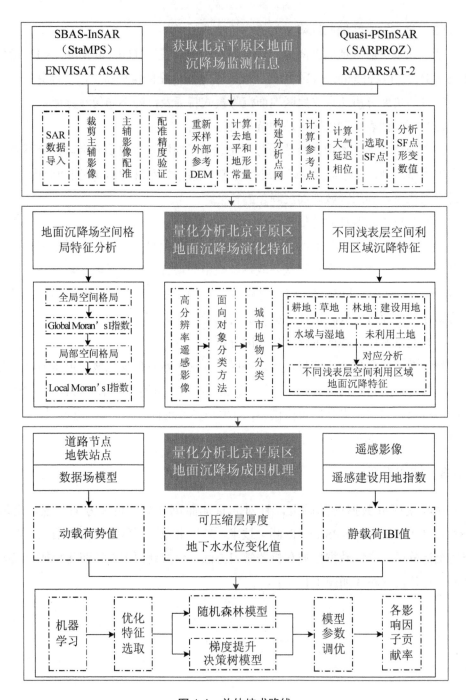

图 1-1　总体技术路线

1.4 创新点

北京平原区水文地质条件复杂，影响地面沉降发生、演化的因素较多，对于地面沉降演化机理分析方面存在以下问题：①北京地面沉降发生、演化已经有半个多世纪的时间，获取长时序地面沉降监测信息进行研究非常有必要；②由于北京平原区地质环境的复杂性，地面沉降的演化一直是分析的难点；③北京平原区内影响地面沉降的因素较多，定量分析各影响因素对地面沉降的权重是一直以来的难题。本研究针对以上难点，实时获取地面沉降监测信息，并定量化分析地面沉降的演化机理。主要的创新点如下：

（1）实现长时序地面沉降监测信息的获取，从地面沉降空间格局特征研究出发，识别北京平原区地面沉降空间分布新模式。

（2）提出地面沉降空间特征分析新视角，识别地下空间演化过程，探讨地下水水位变化与地面沉降响应关系，阐释北京平原区地面沉降演化特征。

（3）综合 GIS 空间分析和空间数据挖掘手段，构建动载荷信息获取模型，获取平原区动载荷信息，引入机器学习技术方法，优化模型参数，定量获取各影响因素对地面沉降的贡献，揭示北京平原区地面沉降成因机理。

1.5 小结

本章从地面沉降研究背景出发，首先介绍了国内外地面沉降相关问题的研究现状，分别从地面沉降的监测方法、地面沉降的影响因素分析和北京地面沉降研究现状 3 个方面进行综述和概括；其次提出了本研究的研究目标，总结了研究内容，并详尽绘制了本研究的整体技术路线图；最后总结了本研究的 3 个创新点。

第2章 研究区概况

2.1 地理位置及地貌特征

北京市位于华北平原北部边缘，地理位置在东经 115°20′～117°33′、北纬 39°23′～41°05′。本书研究区位置分布如图 2-1 所示。北京市最高峰东灵山海拔为 2 303 m，最低点海拔仅为 8 m，相对高差为 2 295 m。从地理位置上看，北京市北面、东北面和西面被群山环抱，东南面为广阔的平原区，西部山地地区统称为西山，属于太行山脉；北部山地统称为军都山，属于燕山山脉，两条山脉在关沟四周处相接，燕山西部为平谷县境的造山，和军都山相交在潮白河地区。北京市面积为 16 410 km²，其中平原区面积为 6 300 km²，占北京市总面积的 38%左右，山区面积达到 10 418 km²，约占北京市总面积的 62%，北京市总地势属于平坦广阔型，由洪积扇、冲积扇及冲积平原、洪积平原联合构成。

北京平原区内主要有属于海河水系的潮白河、永定河、温榆河、北运河、拒马河和属于蓟运河水系的泃河，其中，泃河、永定河分别经永定新河、潮白新河直接入海，拒马河、北运河汇入海河流入渤海。从山前到平原，主要包括山麓坡积裙、山前洪积扇裙、冲洪积扇及冲洪积缓倾斜平原、扇形平原洼地、河道间洼地，其中分布最广泛的是冲洪积平原。

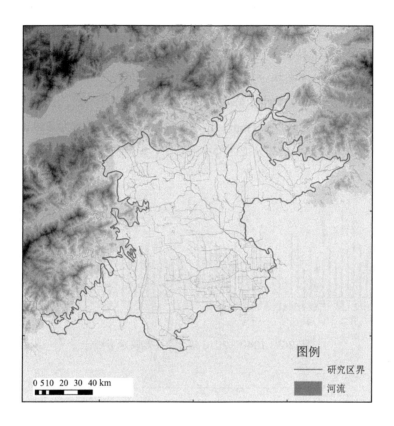

图 2-1　研究区位置分布

2.2　气候与降水情况

　　北京地区属于典型的暖温带半湿润半干旱大陆性季风气候，四季分明，春季干燥盛行风沙，夏季高温多雨，秋季晴朗凉爽，冬季寒冷干燥。年平均气温为 10～12℃。1 月气温为–7～–4℃，7 月气温为 25～26℃。极端最低气温达到–27.4℃，极端最高气温在 42℃以上。据北京降水资料统计，在时间分布上，1949—2016 年北京平均降水量为 598 mm，各年降水量统计如图 2-2 所示。1949—1960 年，年降水量多处于平均值之上；1960 年后，年降水量多处于平均值之下，北京市多处于偏旱年；1999 年降水量仅有 266.9 mm，降水年际变化范围较大；2015 年降水量达到 583 mm，降水量等值线分布如图 2-3 所示。2016 年降水量达到 592 mm，与多年平均降水量 598 mm 持平。除年际降水分布不均外，北京市年内降水分布同样不均，其中 6—9 月是降水的主要集中月，2016 年，6—9 月降水量达到全年降水量的 82%（图 2-4）。在空间分布上，北京市降水主要集中在东北部的怀柔、密云、平谷和西南部的房山地区，降水量超过 600 mm，北京城区范围降水量基本为 550 mm，而在北京平原区南部的大兴和通州部分地区降水量较小，基本为 500 mm。

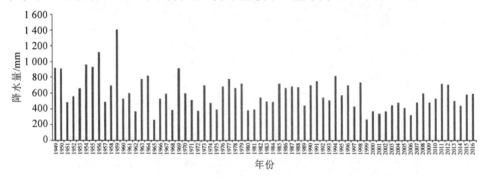

图 2-2　1949—2016 年北京平均降水量统计

图 2-3　2015 年研究区降水量等值线分布

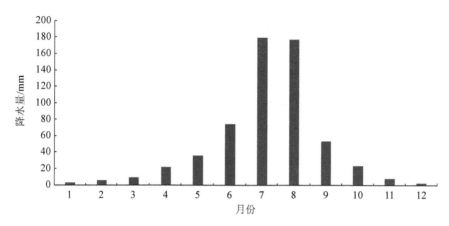

图 2-4　2016 年北京年内降水量分布

2.3　区域地质概况

根据地质构造结构，北京地区可划分为 4 个构造单元，其中 I 级构造单元属于中朝准地台，II 级构造单元包括燕山台褶带（II_1）和华北断坳带（II_2），III 级构造单元有 9 个，IV 级构造单元有 19 个，如表 2-1 所示。燕山台褶带和华北断坳带之间以山区和平原区为界，中间分布断裂带。构造单元中，北京迭断陷（III_6）和大兴迭隆起（III_7）全部区域均属于平原区，其他构造单元仅有部分和边缘部分属于平原区。

表 2-1　北京地区构造单元划分

I 级构造单元	II 级构造单元	III 级构造单元	IV 级构造单元
中朝准地台	燕山台褶带（II_1）	承德迭隆断（III_1）	三岔口—丰宁中穹断（IV_1）
		密云怀来中隆断（III_2）	密云迭穹断（IV_2），花盆—四海迭陷褶（IV_3），大海坨穹断（IV_4），昌平怀柔中穹断（IV_5），八达岭中穹断（IV_6），延庆新断陷（IV_7）

I 级构造单元	II 级构造单元	III 级构造单元	IV 级构造单元
中朝准地台	燕山台褶带（II$_1$）	兴隆迭坳褶（III$_3$）	新城子中陷褶（IV$_8$）
		蓟县中坳褶（III$_4$）	平谷中穹断（IV$_9$）
		西山迭坳褶（III$_5$）	青白口中穹褶（IV$_{10}$），门头沟迭陷褶（IV$_{11}$），十渡—房山中穹褶（IV$_{12}$）
	华北断坳带（II$_2$）	北京迭断陷（III$_6$）	顺义迭凹陷（IV$_{13}$），坨里—丰台迭凹陷（IV$_{14}$），琉璃河—涿州迭凹陷（IV$_{15}$）
		大兴迭隆起（III$_7$）	黄村迭凸起（IV$_{16}$），牛堡屯—大孙各庄迭凹陷（IV$_{17}$）
		大厂新断陷（III$_8$）	觅子店新凹陷（IV$_{18}$）
		固安武清新断陷（III$_9$）	固安新凹陷（IV$_{19}$）

北京山区断裂带构造主要包含：东西向的古北—长哨营断裂带和密云沙厂—墙子路褶皱断裂带、北北东向的紫荆关—大海坨断裂带、南北向的青石岭断裂带、北西向的德胜口—小汤山断裂带和二十里长山断裂带（图 2-5）。而平原区历经多年的地壳运动，已经形成了一系列北东向的隆起凹陷，且边界均受北东向断裂带控制。区域内主要包含：八宝山断裂带、黄庄—高丽营断裂带、良乡—前门断裂带、南苑—通州断裂带、礼贤—牛堡屯及夏垫—马坊断裂带、南口—孙河断裂带和永定河断裂带。其中，八宝山断裂带为压扭性断裂带，呈北东向；黄庄—高丽营断裂带是北京平原区内一条重要的断裂带，是划分西山跌凹陷与北京迭断陷的界线，总体呈北东向；良乡—前门断裂带由数条不连续的北北东—北东走向的断裂带构成，贯穿了北京城区，总体呈北东向展布；南苑—通州断裂带作为北京迭断陷和大兴迭隆起的界线，总体呈北东向；礼贤—牛堡屯及夏垫—马坊断裂带与大兴迭隆起相邻，构造了大厂迭断陷的西北边缘，断裂带北段是夏垫—马坊断裂带，呈北北东走向，南段是礼贤—牛堡屯断裂带，呈北东走向；南口—孙河断裂带在北东侧为上升展布，在西南部呈下降展布，总体呈南东走向；永定河断裂带被推测为隐伏断裂带，总体呈北西走向。

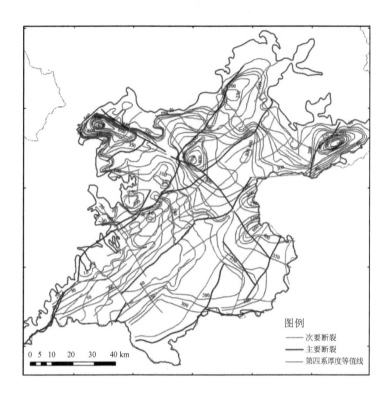

图例
——— 次要断裂
——— 主要断裂
——— 第四系厚度等值线

0 5 10　20　30　40 km

图 2-5　研究区构造

2.4　小结

本章旨在介绍研究区的基本情况，分别从北京平原区的地理位置及地貌特征、气候与降水情况以及区域地质概况 3 个方面进行阐述，为后文进一步研究北京地面沉降场演化特征和成因机理奠定了研究基础。

（1）北京位于华北平原北部边缘，总体地势平坦广阔，由洪积扇、冲积扇及冲积平原、洪积平原联合构成，境内主要有潮白河、永定河、温榆河、北运河、拒马河和沟河。

（2）北京地区属于典型的大陆性季风气候，四季分明，夏季高温多雨，冬季寒冷干燥。1949—2016 年，北京地区平均降水量为 598 mm。

（3）北京平原区位于华北板块—太行山褶皱带东北部边缘，燕山褶皱带南部边缘和冀辽断陷盆地北部边缘，区域主要包含 4 个构造单元和 7 条主要断裂带。

第3章 研究方法与数据处理

3.1 研究方法

3.1.1 合成孔径雷达干涉（InSAR）测量原理

InSAR 技术是利用单个或多个接收信号的天线同时对地物进行观测，采用重复轨道模式，获取地面上同一目标区域的重复图像对；由于地物与天线的位置存在某种特定的集合关系，所以在重复图像对上会产生相位差，这种相位差就构成了干涉图；对干涉图进行干涉等处理后，可以获取地表的三维信息和地表变化后的信息。

图 3-1 为 InSAR 干涉测量原理示意图，其中 A_1 和 A_2 是卫星在一定时间间隔中重复经过地面 P 点时的位置，B 为空间基线，α 为基线倾角，θ 为主影像的视角，R_1 和 R_2 分别为地面 P 点到 A_1 和 A_2 的距离，将 B 沿视线向分解成平行于视线向的分量 $B_\parallel$ 和垂直于视线向的 $B_\perp$，公式为

$$B_\parallel = B\sin(\theta - \alpha)$$
$$B_\perp = B\cos(\theta - \alpha)$$

（3-1）

在位置 A_1 处发射信号到地面 P 点，波长为 λ，经反射后又为 A_1 所接收，得到相位 φ_1，计算公式为

$$\varphi_1 = -\frac{4\pi}{\lambda}R_1 + A_1\exp\left(\frac{4\pi}{\lambda}R_1\right)$$

（3-2）

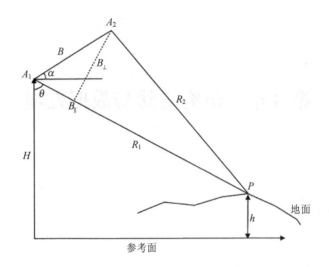

图 3-1　InSAR 干涉测量原理示意图

同理，在另一位置 A_2 处，可以得到相位 φ_2，计算公式为

$$\varphi_2 = -\frac{4\pi}{\lambda} R_2 + A_2 \exp\left(\frac{4\pi}{\lambda} R_2\right) \tag{3-3}$$

不考虑其他因素的情况下，在位置 A_1 和 A_2 处对地面 P 点形成的相位差是

$$\varphi = \varphi_1 - \varphi_2 = -\frac{4\pi}{\lambda}\left(R_1 - R_2\right) \tag{3-4}$$

式中，φ 就是干涉相位，计算过程中，可以通过两幅单视复数影像共轭相乘求得，计算公式为

$$\varphi = \arg[A_1 \cdot A_2 \cdot \exp(\varphi_1 - \varphi_2)] \tag{3-5}$$

式中，φ 的取值范围为 $[-\pi, \pi]$，是不到整周数的相位值，可称为相位主值或者缠绕值。干涉相位用图像形式表达出来就形成了干涉图，式（3-5）就是干涉建模对两次回波信号相位之差的测量过程。

3.1.2　差分干涉（D-InSAR）测量原理

D-InSAR 是指获取同一个地方地表形变前和形变后的两幅干涉图像，对这两幅干涉图像进行差分干涉处理，主要包括去除地球曲面影响和地形起伏影响等，最终获取地表形变信息，基本的 **D-InSAR** 技术包括两种方法，即二通法和三通法。

（1）二通法

二通法的基本原理就是利用试验区地表变化前和变化后的两幅图像生成干涉图，再利用外部数字高程数据（DEM）模拟干涉纹图，从干涉影像中去除地形影响，最终得到地表形变信息。

如图 3-2 所示，A 代表主影像传感器，B 代表辅影像传感器，假设雷达两次经过地面同一点时，地面在雷达视线向上发生的形变是 ΔR，那么形变相位应为

$$\varphi = -\frac{4\pi}{\lambda}\Delta R \qquad\qquad (3\text{-}6)$$

从式（3-6）中可以看出，该方法不需要对干涉相位进行相位解缠，但是干涉相位对地形变化和 DEM 精度要求非常高，如果某地区没有 DEM 数据，该方法就没办法使用，而 DEM 也会在一定程度上引入新的误差。

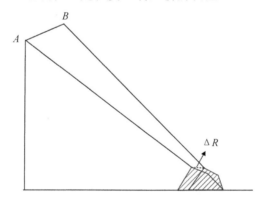

图 3-2　二通法几何模型示意图

（2）三通法

三通法从雷达影像中直接提取地表形变信息，在一定程度上解决了二通法无法在一些无地形数据地方测量的弊端。该方法的基本原理是，利用雷达三次过境产生的三幅影像生成两幅干涉影像，其中一幅反映地表形变信息，另一幅反映地形信息。

如图 3-3 所示，A_1 和 A_2 是假设地表没有形变的情况下，雷达两次对地点 P 成

像的位置，这时获得的干涉相位中只有地形信息，干涉相位为

$$\varphi_{1\text{-}2} = -\frac{4\pi}{\lambda} B_1 \sin\left(\theta - \alpha_1\right) = -\frac{4\pi}{\lambda} B_{1\parallel} \tag{3-7}$$

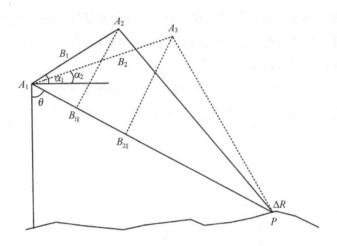

图 3-3 三通法几何模型示意图

A_3 是地表形变后雷达经过地点 P 的观测位置，由 A_2 和 A_3 获得的干涉相位中既包含地形信息，又包含地表形变信息，干涉相位为

$$\varphi_{1\text{-}3} = -\frac{4\pi}{\lambda} B_2 \sin\left(\theta - \alpha_2\right) - \frac{4\pi}{\lambda} \Delta R = -\frac{4\pi}{\lambda}\left(B_{2\parallel} - \Delta R\right) \tag{3-8}$$

式中，$\varphi_{1\text{-}2}$ 只包含地形信息，$\varphi_{1\text{-}3}$ 包含地形信息和地表形变信息，$B_{1\parallel}$ 和 $B_{2\parallel}$ 分别为 $A_1 A_2$ 和 $A_1 A_3$ 的水平基线，θ 为主影像的视角，α_1 和 α_2 分别为基线 B_1 和 B_2 在水平方向的夹角，ΔR 为地表在雷达视线向上发生的形变位移，地表在雷达视线向上位移引起的相位为

$$\varphi = \varphi_{1\text{-}3} - \frac{B_{1\parallel}}{B_{2\parallel}} \varphi_{1\text{-}2} = -\frac{4\pi}{\lambda} \Delta R \tag{3-9}$$

D-InSAR 技术处理流程如图 3-4 所示。

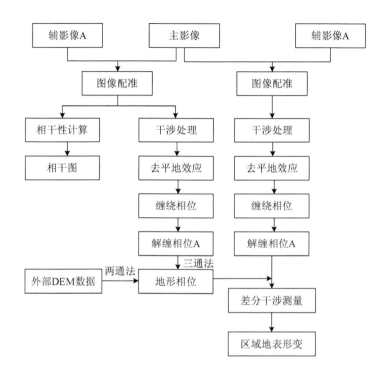

图 3-4　D-InSAR 技术处理流程

3.1.3　小基线干涉集测量（SBAS-InSAR）原理

　　SBAS-InSAR 技术最早由 Berardino 等于 2002 年提出，该方法为了提高干涉的相干性，将获取的所有雷达影像组合成若干个集合，确保在一定程度上解决了时间空间失相关等限制因素，最终获取高精度时序地表形变信息。Lanari 等在 2004 年对传统 SBAS-InSAR 技术进行了改进，使其可以用来获取建筑物的局部形变等。该方法选用两个不同的数据集，分别是低分辨率的多视数据和高分辨率的单视数据，利用传统 SBAS-InSAR 技术进行大空间尺度低分辨率的线性形变和 DEM 地形影响以及部分大气影响信息，再利用改进后的 SBAS-InSAR 技术获取高分辨率的高程影响和形变信息。与 PS-InSAR 技术相比，该方法可以进一步连续地获取时间序列上的形变信息，而且对影像的数量要求较小。就城市地面沉降的缓慢形变特点而言，SBAS-InSAR 技术具有很大优势。

SBAS-InSAR 技术主要原理为：对获取的同一地区的 N 幅影像根据小基线干涉组合原则，生成 M 对小基线干涉相对，再生成差分干涉图，其中包括 M 幅单视和 M 幅多视差分干涉图，然后采用传统 SBAS-InSAR 技术对获得的多视差分干涉图进行线性形变速率和 DEM 地形误差的提取，接着将高分辨率单视差分干涉图与对应的低分辨率的单视差分干涉图相减，得到残余相位，主要包含形变相位和地形相位。公式可以表示为

$$\delta\varphi(x,r) = \frac{4\pi}{\lambda}\left[t_{\mathrm{IE}_m} - t_{\mathrm{IS}_m}\upsilon(x,r) + \beta(t_{\mathrm{IE}_m},x,r) - \beta(t_{\mathrm{IS}_m},x,r)\right] + \frac{4\pi}{\lambda}\frac{b_m\Delta z(x,r)}{r\sin\theta} + \Delta n(x,r)$$

（3-10）

式中，$\upsilon(x,r)$ 和 $\beta(t,x,r)$ 分别为高分辨率的平均速度和残余形变中的非线性组分，$\Delta z(x,r)$ 为高分辨率中的地形组分，$\Delta n(x,r)$ 为噪声误差，t_{IE_m} 与 t_{IS_m} 分别为第 m 幅差分干涉图对应的主、辅影像的获取时间，对 $\upsilon(x,r)$ 和 $\Delta z(x,r)$ 的估算，要满足最大化时相相干因素，表示为

$$\gamma(x,r) = \frac{1}{M}\left|\sum_{m=1}^{M}\exp\left\{j\left[\delta\varphi(x,r) - \delta\varphi_{\mathrm{mo}}(x,r)\right]\right\}\right|$$

（3-11）

式中，$\varphi_{\mathrm{mo}}(x,r)$ 是模拟相位，表示为

$$\varphi_{\mathrm{mo}}(x,r) = \frac{4\pi}{\lambda}\left(t_{\mathrm{IE}_m} - t_{\mathrm{IS}_m}\upsilon(x,r) + \frac{4\pi}{\lambda}\frac{b_m\Delta z(x,r)}{r\sin\theta}\right)$$

（3-12）

将式（3-11）和式（3-12）相减，得到新的残余相位，包括 $\beta(t,x,r)$ 和 $\Delta z(x,r)$，利用奇异值分解法，去除非线性形变速率 (t,x,r)，进而总体形变量可表示为

$$d(t_n,x,r) = d_L(t_n,x,r) + (t_n - t_0)\upsilon(x,r) + \beta(t_n,x,r), n = 0,\cdots,N$$

（3-13）

式中，$d(t_n,x,r)$ 为像元在 t_n 时刻的总形变量，$d_L(t_n,x,r)$ 为像元在 t_n 时刻沿雷达视线向的形变量。

SBAS-InSAR 技术处理流程如图 3-5 所示。

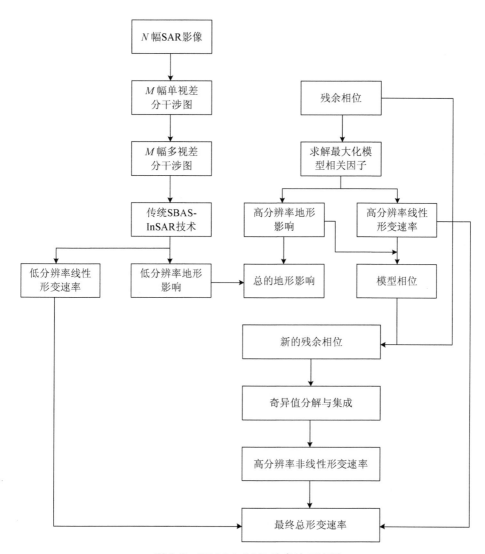

图 3-5　SBAS-InSAR 技术处理流程

3.1.4　Quasi-PSInSAR（QPS）原理

　　QPS 技术是传统 PS 技术的拓展，与 PS-InSAR 技术仅对高信噪比相位 PS 点进行建模分析不同，QPS 技术通过空间滤波提高扩展目标的信噪比，使更多点参与建模，提取形变信息。QPS 技术通过最大化目标的时间相干因子，在时间序列数据集中选择具有较高相干性的干涉图子集提取目标的高程和形变速率信息，在目标的点状特性不明显，并且在时间维上不稳定的区域，QPS 技术更具实用性，基于最优干涉组合算法并且考虑部分相干目标中蕴含的信息，QPS 技术克服了经典 PS-InSAR 技术对目标的依赖，能提取更多的 PS 点。QPS 与经典 PS-InSAR 技术方法的主要区别为以下 3 个方面：

（1）不采用公共主影像干涉对组合模式（星形拓扑结构），而是通过最小生成树算法（MST）生成干涉对组合，或根据实际情况自定义数据集分析的拓扑结构。

（2）从依赖目标本身相干特性的干涉子集中估算目标的高程和形变。

（3）预先对数据集进行干涉处理，根据需要通过滤波算法来提高分布式目标形成的干涉图的相干性。

鉴于 QPS 技术的优势，针对 RADARSAT-2 数据，本研究通过 SARPROZ 软件，采用 QPS 技术获取北京市地表形变信息，具体操作流程如图 3-6 所示。

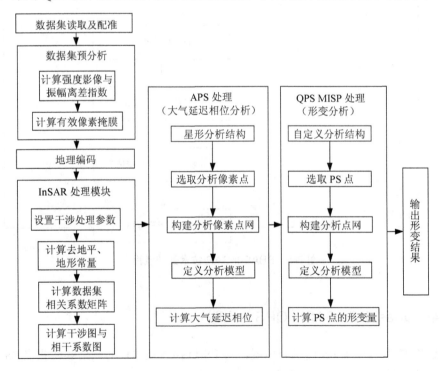

图 3-6　QPS 技术操作流程

3.2 SAR 数据选取和数据处理过程

3.2.1 SAR 数据和软件选取

目前常用的星载卫星主要有：欧洲航天局发射的资源卫星 ERS-1 和 ERS-2、哥白尼对地观测卫星 Sentinel-1 和环境卫星 ENVISAT ASAR；加拿大的资源勘查卫星 RADARSAT；日本的高级陆地观测卫星 ALOS-PALSAR；意大利的 COSMO-SkyMed 卫星以及德国发射的 TerraSAR-X 卫星等，各星载 SAR 卫星参数如表 3-1 所示。

表 3-1 典型星载 SAR 卫星参数

卫星 SAR 系统	发射年份	轨道高度/km	波段/波长/cm	侧视角/°	重复周期/d	分辨率/m	影像幅宽/km
ERS-1	1992	790	C/5.6	23	35	25	100
ERS-2	1995						
JERS-1	1992	568	L/23.5	38	44	25	800
RADARSAT-1	1995	790	C/5.6	23～65	24	8～30	50～500
ENVISAT ASAR	2002	800	C/5.6	15～45	35	25～100	100～405
ALOS-PALSAR	2006	700	L/23.5	8～60	46	10～100	20～350
RADARSAT-2	2007	798	C/5.6	10～49	25	3～100	25～500
TerraSAR-X	2007	514	X/3.1	20～45	11	1～16	10～100
TanDEM-X	2010						
COSMO-SkyMed	2007—2010	620	X/3.1	20～60	4～16	1～100	10～200
Sentinel-1	2010	693	C/5.6	19～45	12	5～20	400

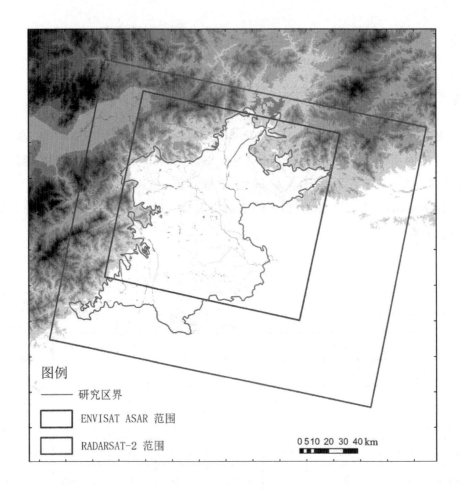

图 3-7　雷达数据覆盖范围

　　本研究主要选取 ENVISAT ASAR 和 RADARSAT-2 数据，数据覆盖范围如图 3-7 所示，其中 ENVISAT ASAR 数据包括 47 景降轨数据，时间是 2003 年 6 月 18 日至 2010 年 10 月 25 日，RADARSAT-2 数据主要包括 48 景降轨数据，时间是 2010 年 11 月 22 日至 2015 年 11 月 20 日，数据主要参数如表 3-2 和表 3-3 所示。

表 3-2 ENVISAT ASAR 数据参数

序号	日期	基线/m	序号	日期	基线/m
1	2003-06-18	128.58	25	2008-04-02	480.87
2	2003-10-01	0.22	26	2008-05-07	229.67
3	2003-12-10	−245.19	27	2008-06-11	364.89
4	2004-01-14	479.91	28	2008-07-16	396.79
5	2004-02-18	−362.27	29	2008-08-20	383.95
6	2004-03-24	1 310.27	30	2008-09-24	27.42
7	2004-04-28	−7.45	31	2008-10-29	287.07
8	2004-07-07	−83.82	32	2009-01-07	240.39
9	2004-08-11	4.02	33	2009-03-18	746.44
10	2004-09-15	923.80	34	2009-07-01	368.37
11	2004-10-20	917.55	35	2009-08-05	148.28
12	2004-12-29	455.99	36	2009-09-09	618.53
13	2005-03-09	470.36	37	2009-10-14	−34.43
14	2005-12-14	295.99	38	2009-11-18	466.47
15	2006-05-03	437.39	39	2009-12-23	77.43
16	2007-01-03	668.32	40	2010-01-27	437.75
17	2007-03-14	596.09	41	2010-03-03	107.76
18	2007-04-18	118.13	42	2010-04-07	554.04
19	2007-06-27	223.61	43	2010-05-12	407.85
20	2007-08-01	173.36	44	2010-06-16	446.41
21	2007-09-05	523.71	45	2010-07-21	35.12
22	2007-10-10	0.00	46	2010-08-25	93.02
23	2007-12-19	−124.48	47	2010-10-25	612.90
24	2008-02-27	−40.14			

表 3-3　RADARSAT-2 数据参数

序号	日期	基线/m	序号	日期	基线/m
1	2010-11-22	178.816 1	25	2013-09-19	−5.101 12
2	2010-12-16	58.523 18	26	2013-10-13	126.865 1
3	2011-06-26	−47.367 4	27	2013-11-06	−69.199 3
4	2011-07-20	195.5	28	2013-11-30	−6.165 05
5	2011-08-13	350.386 5	29	2013-12-24	−189.708
6	2011-09-30	285.472	30	2014-02-10	158.859 6
7	2011-10-24	304.364 7	31	2014-03-06	261.011 9
8	2011-11-17	206.515 7	32	2014-03-30	−41.340 5
9	2012-01-28	190.575 9	33	2014-04-23	55.666 19
10	2012-02-21	183.866 9	34	2014-06-10	−82.235 5
11	2012-03-16	295.110 5	35	2014-07-28	15.893 26
12	2012-04-09	295.464 9	36	2014-09-14	138.723 8
13	2012-05-03	−446.138	37	2014-11-01	24.006 02
14	2012-05-27	179.221 7	38	2014-11-25	9.044 287
15	2012-08-31	196.218 9	39	2014-12-19	74.958 3
16	2012-10-18	20.541 58	40	2015-02-05	−214.141
17	2012-11-11	61.401 55	41	2015-03-25	−74.900 8
18	2012-12-29	−172.18	42	2015-05-12	−75.178 8
19	2013-01-22	7.607 789	43	2015-06-29	−359.264
20	2013-04-28	102.422 9	44	2015-08-16	33.327 07
21	2013-05-22	0	45	2015-09-09	−40.550 4
22	2013-06-15	−85.807 1	46	2015-10-03	5.951 706
23	2013-08-02	14.982 64	47	2015-10-27	−68.093 7
24	2013-08-26	190.271	48	2015-11-20	−36.845 8

随着雷达干涉测量技术的发展，众多处理算法和软件越来越成熟，其中包括开源算法和商业软件，典型 InSAR 处理软件情况如表 3-4 所示。本研究主要选取 Doris/StaMPS 开源算法和 SARPROZ 商业软件对 SAR 数据进行处理。

表 3-4　典型 InSAR 处理软件情况

软件名称	开发商	运行平台	生产产品
Doris/StaMPS	荷兰 Delft 大学	Unix、Linux	干涉纹图、相干图、差分干涉图、解缠相位、地理编码产品
GRACE	中国科学院遥感研究所	Windows	干涉纹图、相干图、差分干涉图
IFSAR	美国 ERDAS 公司	Windows+ERDAS	干涉纹图、相干图、解缠相位、DEM、地理编码产品
INSAR	Stanford 大学	Unix	干涉纹图、相干图、解缠相位
ISAR	意大利	Sun	干涉纹图、相干图、差分干涉图
SARscape	瑞士 SARMAP 公司	Windows+Arcview	干涉纹图、相干图、差分干涉图、解缠相位、DEM、地理编码产品
GAMMA	瑞士 GAMMA 公司	Unix、Linux	干涉纹图、相干图、差分干涉图、解缠相位、DEM、地理编码产品
Earth View InSAR	加拿大 Atlantis 公司	Windows、Sun Solaris	干涉纹图、相干图、差分干涉图、解缠相位、DEM、地理编码产品
SARPROZ	意大利 SMTech 公司	Unix、Linux、ISO	干涉纹图、相干图、差分干涉图、解缠相位、DEM、地理编码产品

3.2.2　基于 Doris/StaMPS 的 SBAS-InSAR 处理

选取 Doris/StaMPS 算法对 47 景 ENVISAT ASAR 数据产品单视复数影像（Single Looking Complex，SLC）进行处理分析，ASAR 数据分辨率为 30 m，时间跨度是 2003 年 6 月 18 日至 2010 年 10 月 25 日，主要步骤如下：

（1）导入数据

建立 SLC 文件夹，链接源数据，源数据格式为.slc，将数据链接到 SLC 文件夹中，并为源数据创建算法所需要的命名方式。

（2）主影像选取

按照主影像选取原则选取一幅主影像，本次选取 2007 年 10 月 10 日影像作为主影像，在主影像范围内确定兴趣区，为最大限度保证结果的覆盖性，本次选取整景影像范围作为研究区域，按照主影像的行列号裁剪辅影像。

（3）差分干涉处理

利用 Doris 算法进行差分干涉处理，首先进行精密轨道数据的提取，接着对主辅影像进行一级轨道配准和二级像素级配准，然后进行主辅影像的精配准，主要为三级子像素精配准和估计配准多项式系数，在配准完毕之后，对辅影像进行重采样，保证主辅影像大小完全一致。

（4）主影像强度图模拟与地形相位提取

本研究选取先进星载热发射和反射辐射仪全球数字高程模型（Advanced Spaceborne Thermal Emission and Reflection Radiometer Global Digital Elevation Model，ASTER GDEM）数据作为外部 DEM 数据，ASTER GDEM 分辨率为 30 m，利用外部 DEM 数据模拟主影像强度图，再计算每个干涉对的地形相位，然后对主辅影像进行干涉处理，去除平地效应和地形相位，差分干涉时序图如图 3-8 所示。最后进行地理编码，将雷达坐标系转化到地图坐标系上。

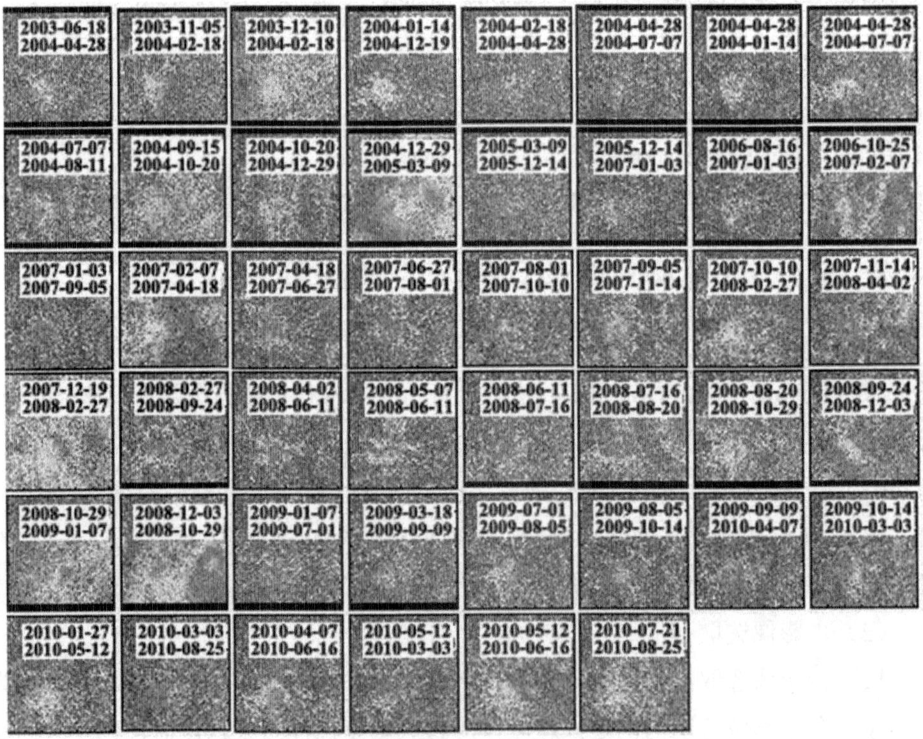

图 3-8　差分干涉时序图

（5）小基线集干涉处理

首先确定小基线对，本研究将最小相关系数设置为 0.65，时间基线阈值设置为 300 d，空间基线阈值设置为 300 m，共选取了 46 组小基线对，基线组对图如图 3-9 所示，基线组对表如表 3-5 所示。

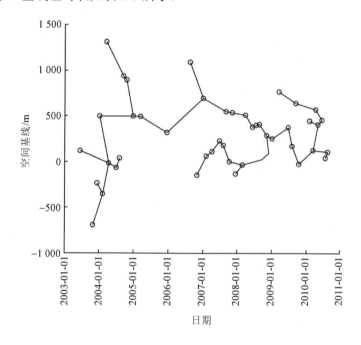

图 3-9　基线组对图

表 3-5　基线组对表

序号	日期 1	日期 2	序号	日期 1	日期 2
1	2003-06-18	2004-04-28	8	2004-09-15	2004-10-20
2	2003-11-05	2004-02-18	9	2004-12-29	2005-03-09
3	2003-12-10	2004-02-18	10	2005-03-09	2005-12-14
4	2004-01-14	2004-12-29	11	2006-08-16	2007-01-03
5	2004-03-24	2004-09-15	12	2006-10-25	2007-02-07
6	2004-04-28	2004-07-07	13	2007-01-03	2007-09-05
7	2004-07-07	2004-08-11	14	2007-02-07	2007-04-18

序号	日期1	日期2	序号	日期1	日期2
15	2007-06-27	2007-08-01	31	2010-04-07	2010-06-16
16	2007-09-05	2007-11-14	32	2010-05-12	2010-06-16
17	2007-10-10	2008-02-27	33	2010-07-21	2010-08-25
18	2007-11-14	2008-04-02	34	2004-04-28	2004-01-14
19	2007-12-19	2008-02-27	35	2004-10-20	2004-12-29
20	2008-05-07	2008-06-11	36	2004-02-18	2004-04-28
21	2008-06-11	2008-07-16	37	2005-12-14	2007-01-03
22	2008-07-16	2008-08-20	38	2008-04-02	2008-06-11
23	2008-09-24	2008-12-03	39	2008-08-20	2008-10-29
24	2008-10-29	2009-01-07	40	2009-01-07	2009-07-01
25	2009-03-18	2009-09-09	41	2010-05-12	2010-03-03
26	2009-07-01	2009-08-05	42	2007-04-18	2007-06-27
27	2009-08-05	2009-10-14	43	2007-08-01	2007-10-10
28	2009-09-09	2010-04-07	44	2008-02-27	2008-09-24
29	2010-01-27	2010-05-12	45	2009-10-14	2010-03-03
30	2010-03-03	2010-08-25	46	2008-12-03	2008-10-29

（6）利用 Doris/StaMPS 算法对研究区形变信息进行获取

选取 Doris/StaMPS 算法获取研究区形变信息，Doris/StaMPS 算法是基于 MATLAB 软件实现的，主要包括几个步骤：将 Doris 处理的文件导入 MATLAB 软件工作空间；迭代分析计算各个干涉图中每个候选点的噪声相位，这里的候选点为单视的慢失相关滤波相位（Slowly Decorrelating Filtered Phase，SDFP）点，计算每个 SDFP 点的收敛阈值；考虑幅度离差对上一步得到 SDFP 点进一步选取，去除那些只在一些干涉图中相位稳点的 SDFP 点和受其影像而被误以为是 SDFP 点的像元；计算各干涉图噪声标准差，将其作为权重，对选取的 SDFP 点进行缠绕相位的纠正；对选取的 SDFP 点进行相位解缠，并估算出主影像的大气相位和轨道误差相位；对辅影像的大气相位进行去除，最终得到研究区地表形变信息（图 3-10）。

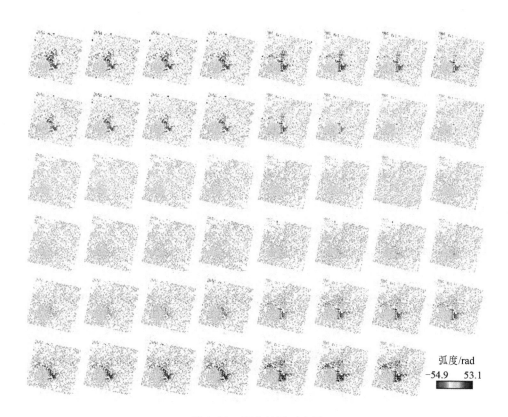

图 3-10　形变结果时序图

3.2.3　基于 SARPROZ 的 Quasi-PSInSAR 处理

选取 SARPROZ 软件中的 Quasi-PSInSAR 技术方法，对 48 景 RADARSAT-2 数据进行处理，RADARSAT-2 数据分辨率为 30 m，时间跨度为 2010 年 11 月 22 日至 2015 年 11 月 20 日（后文仅选取 2011—2015 年的数据进行分析），主要处理步骤如下：

（1）数据集读取

建立文件夹，命名为 SLC，将 48 景原始数据存储在 SLC 文件夹中，点击 SLC Data Processing 窗口中 Get Concents 按钮，搜索 SLC 文件夹中的原始数据。

（2）主影像选取及配准

基于数据集的时空基线、多普勒中心偏移、数据集的数量以及软件自动下载的影像获取当天的气象信息选取主影像，最终选取 2013 年 5 月 22 日影像作为主影像，与 ENVISAT ASAR 数据选取范围相同，为最大限度保证结果的覆盖性，本研究选取整景影像范围作为研究区域，按照主影像的行列号裁剪辅影像，本研究选取软件默认参数对数据集进行配准。

（3）基于星形拓扑结构进行大气相位分析

SARPROZ 软件中，在进行 PS 点形变分析之前，需要对影像进行大气相位分析，本研究主要选择星形拓扑结构进行数据处理（图 3-11），以 2013 年 5 月 22 日影像为主影像，其余 47 景影像为辅影像，组成 47 对影像对，获取各像素点干涉相位，并依据干涉相位中各分量的物理统计特性建立模型，获取各像素点的高程误差、线性形变等贡献因子相位，并对残余相位中的非线性形变与失相关相位噪声进行分解，最终获取大气延迟相位（图 3-12）。

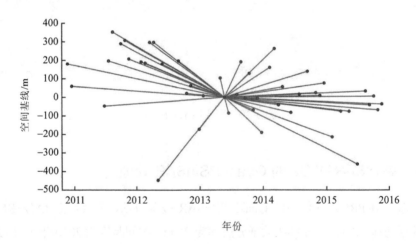

图 3-11　星形拓扑结构影像组对图

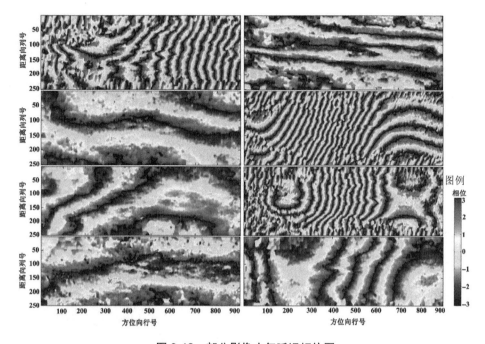

图 3-12　部分影像大气延迟相位图

注：影像时间左列从上到下分别为 2011-07-20、2012-01-28、2012-05-03、2013-01-22；右列从上到下分别为 2013-09-19、2014-02-10、2014-07-28 和 2015-02-05。

（4）基于自定义拓扑结构进行相干点形变分析

在分析大气延迟相位结果的基础上，进行相干点形变分析，包括线性形变、非线性形变、高程差值以及季节性热形变等。为了有效避免数据集中存在的时间空间失相关对最终结果的影响，使研究区地表形变信息数据获取更为精确，本研究相干点形变计算选取自定义拓扑结构进行，其中空间和时间基线分别设置为 500 m 和 500 d，阈值设置为 0.185，共获得 254 对小基线对，如图 3-13 所示。通过对各个像对进行干涉处理，最终获取到影像的形变相位的相干性图（图 3-14），从图 3-14 中可以看出，相干性集中在 0.7 左右，表明相干点形变分析结果可靠。

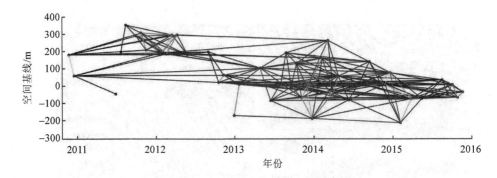

图 3-13   自定义拓扑结构基线组对图

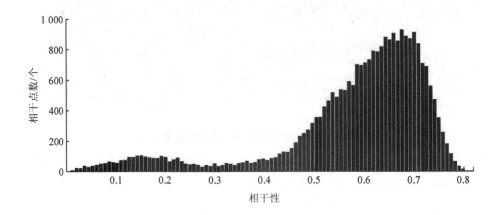

图 3-14   相干点形变相位相干性图

3.3   数据结果验证

为确保 InSAR 结果的准确性,必须对结果进行验证。由于 SBAS-InSAR 获得的是地表视线向形变值,本研究验证选取水准数据,为确保验证准确,根据传感器的入射角,将视线向形变值分解成垂直形变量。图 3-15 为 2003—2010 年和 2011—2013 年北京平原区平均地面沉降速率,本研究验证选取 32 个 2003—2013 年水准测量数据。把水准点作为原点,提取各个水准点 150 m 范围内的所有监测点,对提取的 SDFP 点求均值作为沉降估算值与水准测量值进行校验。

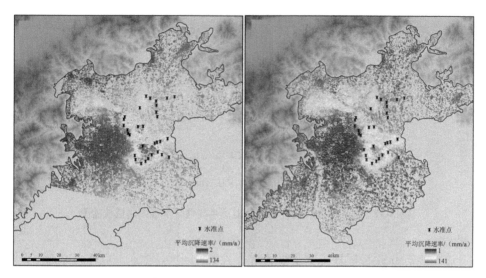

图 3-15　2003—2010 年（左）和 2011—2013 年（右）研究区平均地面沉降速率

从图 3-16 和图 3-17 中可以看出，2003—2010 年 InSAR 监测结果和水准监测结果的相关系数为 0.88，最小绝对误差为 1 mm/a，最大绝对误差为 17 mm/a，标准差为 4 mm/a；2011—2013 年 InSAR 监测结果和水准监测结果的相关系数为 0.98，最小绝对误差为 0.2 mm/a，最大绝对误差为 14 mm/a，标准差为 2 mm/a，由于 SDFP 点与水准点位置并未完全重合，本研究所验证的 InSAR 结果是水准点 150 m 范围内 PS 点的平均监测值，此评价方式可能会导致一定的误差，但仍能表明 InSAR 结果具有较高的精度。

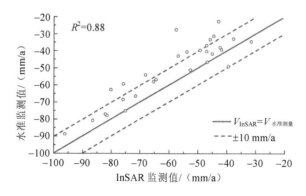

图 3-16　2003—2010 年 InSAR 监测平均值与水准测量值校验图

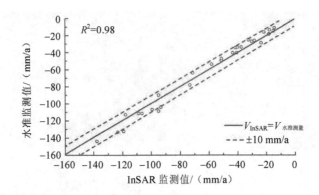

图 3-17 2011—2013 年 InSAR 监测平均值与水准测量值校验图

进一步对 InSAR 时序监测形变值进行验证，同样，把水准点作为原点，提取各个水准点 150 m 范围内的所有监测点（SDFP 点），求取获取的 SDFP 点时序形变值（这里选取 2006 年、2009 年、2011 年和 2012 年形变值来进行验证）的均值作为沉降估算值与水准测量值进行校验，结果如图 3-18 所示。

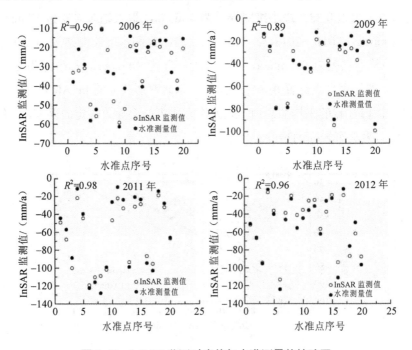

图 3-18 InSAR 监测时序值与水准测量值校验图

从图3-18中可以看出，InSAR监测获取的时序形变信息与水准测量结果相比，2006 年、2009 年、2011 年及 2012 年，两者监测结果的相关系数均超过 0.8，其中 2011 年两者监测结果相关系数达到 0.98，进一步说明 InSAR 监测技术具有较高的精度。从表 3-6 中可以看出，2006 年，最小绝对偏差为 0，最大绝对偏差达到 28 mm，4 个年份中，最大绝对偏差均小于 30 mm，在一定程度上说明 InSAR 监测技术能够获取高精度的地表形变信息。

表 3-6　InSAR 监测时序值与水准测量值偏差统计情况　　　　单位：mm

项目	2006 年	2009 年	2011 年	2012 年
最大绝对偏差	28	14	20	17
最小绝对偏差	0	1	1	1

3.4　小结

本章从介绍研究方法入手，首先阐述 InSAR 技术、D-InSAR 技术和 SBAS-InSAR 技术的原理；其次对典型的 SAR 数据和处理 SAR 数据的软件进行概述；最后选取本研究主要用的 SAR 数据和处理 SAR 数据的软件。本研究主要选取 2003—2010 年的 47 景 ENVISAT ASAR 和 2010—2015 年 48 景 RADARSAT-2 数据，并运用开源 Doris/StaMPS 算法和商业 SARPROZ 软件对 SAR 数据进行分析，获取了北京平原区地表形变信息；然后对获取的地表形变信息与水准测量结果进行验证，结果表明，两种监测技术获取的 2003—2015 年平均地面沉降速率和时序地面沉降结果均具有较高精度。其中，2003—2010 年，两种监测技术最小绝对误差为 1 mm/a；2011—2013 年，最小绝对误差为 0.2 mm/a；在时序地面沉降结果方面，2011 年，两种监测手段获取的结果相关系数达到 0.98，表明 InSAR 技术可满足形变监测要求。

第4章 北京平原区地面沉降演化特征分析

4.1 北京平原区地面沉降分布特征分析

2003—2015 年，北京平原区地面沉降空间分布差异性很强，沉降严重区主要集中在朝阳区东部、通州区西北部、昌平区南部、顺义区西北部和大兴区南部，研究区内形成了多个沉降漏斗。2003—2010 年，基于 ENVISAT ASAR 数据获取了 207 066 个 SDFP 点，密度为 32 个/km²，平原区最大年均沉降速率为 134 mm/a，最小年均沉降速率为 2 mm/a，沉降速率大于 50 mm/a 的区域面积达到 729.4 km²，占北京平原区总面积的 12.3%；2011—2015 年，基于 RADARSAT-2 数据获取的 SDFP 点为 235 712 个，密度为 37 个/km²，平原区最大年均沉降速率为 141 mm/a，最小年均沉降速率为 1 mm/a，沉降速率大于 50 mm/a 的区域面积达到 653.1 km²，占北京平原区总面积的 10.2%，如图 4-1 所示。为进一步分析 SDFP 点的沉降情况，对两个时间段的 SDFP 点平均沉降速率进行分类，统计情况如表 4-1 所示。

从表 4-1 中可以看出，2003—2010 年，研究区 SDFP 点主要集中在第五类和第六类沉降速率区间（10～50 mm/a），所占面积比例达到 87.6%，而第七类沉降速率（0～10 mm/a）中，仅有 422 个 SDFP 点，所占面积比例仅为 0.1%，沉降速率在第一类到第四类间的面积比例为 12.3%；2011—2015 年，研究区 SDFP 点主要集中在第六类和第七类沉降速率区间（0～30 mm/a），所占面积比例为 76.9%，其中发生第七类沉降速率的面积占比达到了 25.7%，相较于 2003—2010 年发生第七类沉降速率的面积占比有所增加，而且发生第六类沉降速率的面积占比从 35.8%增加到 51.2%，发生第五类沉降速率的面积占比从 51.8%减少到 12.9%，表明研究区地面沉降在一定程度上呈减弱趋势。

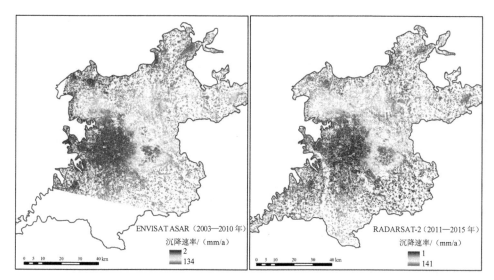

图 4-1　研究区年均沉降速率结果分布

表 4-1　SDFP 点沉降速率统计情况

时间	类别	沉降速率/（mm/a）	SDFP 点数量/个	面积比例/%
2003—2010 年	第一类	110～134	1 043	0.3
	第二类	90～110	3 898	1.1
	第三类	70～90	8 531	2.7
	第四类	50～70	21 006	8.2
	第五类	30～50	77 615	51.8
	第六类	10～30	945 651	35.8
	第七类	0～10	422	0.1
2011—2015 年	第一类	110～141	3 280	0.6
	第二类	90～110	5 676	1.1
	第三类	70～90	11 151	2.5
	第四类	50～70	22 317	6.0
	第五类	30～50	33 871	12.9
	第六类	10～30	93 370	51.2
	第七类	0～10	66 047	25.7

  图 4-2 为 2003—2015 年北京平原区累积地面沉降插值结果，从图 4-2 中可以看出，北京平原区一直处于沉降状态，从 2003 年开始，北京平原区地面沉降范围呈扩展趋势，空间不均匀程度逐渐加剧，区域内从一个沉降漏斗形成了多个沉降漏斗，截至 2015 年，北京平原区最大累积沉降量达到 1 357 mm，累积沉降量大于 500 mm 的区域面积达到 463.3 km^2，占平原区总面积的 7%；累积沉降量大于 300 mm 的区域面积达到 1 271.7 km^2，占平原区面积的 20%；累积沉降量大于 100 mm 的区域面积达到 4 190 km^2，占平原区面积的 65%，已经超过了平原区面积的一半。为了研究 2003—2015 年北京平原区地面沉降演化特征，进一步分析各年沉降量特征，如图 4-3 所示。

  从图 4-3 中可以看出，北京平原区在 2004—2015 年地面沉降差异性明显，其中，2004—2010 年地面沉降总体呈增加趋势，最大沉降量从 85 mm 增加到 167 mm，而在 2010 年后，最大沉降量总体呈减小趋势，从 2010 年的 167 mm 减小到 2015 年的 136 mm。进一步统计发现，2004—2007 年，地面沉降量大于 50 mm 的 SDFP 点从 3 402 个增加到 17 277 个，占平原区面积的比例约从 1%增加到 5%；2007—2008 年，地面沉降量大于 50 mm 的 SDFP 点从 17 277 个减少到 13 577 个，占平原区面积的比例约从 5%减少到 4%；2008—2009 年，地面沉降量大于 50 mm 的 SDFP 点从 13 577 个增加到 24 458 个，占平原区面积的比例约从 4%增加到 7%；从 2011 年开始，地面沉降量大于 50 mm 的 SDFP 点整体呈减小趋势，从 50 829 个减少到 36 798 个，占平原区面积的比例约从 13%减少到 9%。2004—2013 年，地面沉降量大于 100 mm 的 SDFP 点总体呈增加趋势，从 0 个增加到 6 975 个，占平原区面积的比例从 0 增加到 1.3%；2013—2015 年，地面沉降量大于 100 mm 的 SDFP 点从 6 975 个减少到 4 457 个，占平原区面积的比例约从 1.3%减少到 0.8%。如图 4-4 所示。

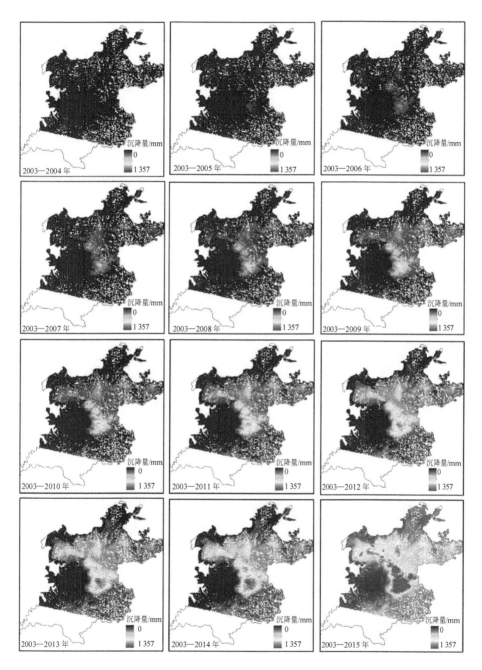

图 4-2　2003—2015 年研究区累积地面沉降结果分布

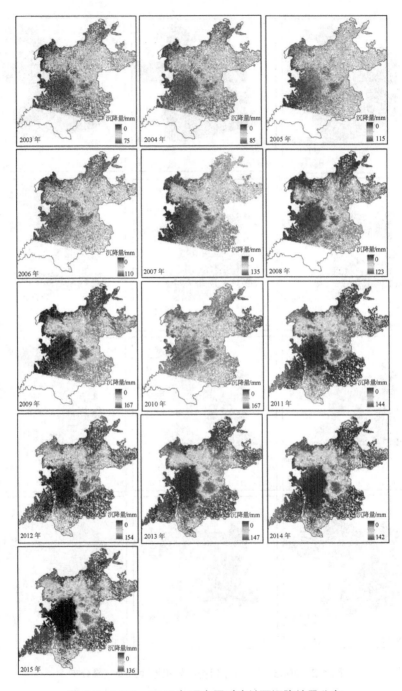

图 4-3 2003—2015 年研究区时序地面沉降结果分布

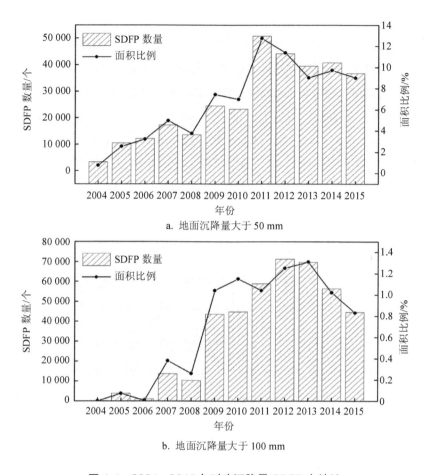

a. 地面沉降量大于 50 mm

b. 地面沉降量大于 100 mm

图 4-4 2004—2015 年时序沉降量 SDFP 点统计

　　进一步统计北京平原区地面沉降面积及体积发现（图 4-5），地面沉降量大于 50 mm 和大于 100 mm 的区域，2004—2006 年，地面沉降面积和体积均呈增加趋势，地面沉降面积从 48.62 km² 增加到 449.7 km²，地面沉降体积从 2.81 km³ 增加到 34.33 km³；2006—2008 年，地面沉降面积和体积均呈减小趋势，地面沉降面积分别从 449.7 km² 和 74 km² 减小到 241.84 km² 和 16.85 km²，地面沉降体积分别从 34.33 km³ 和 8.7 km³ 减小到 17.13 km³ 和 1.89 km³；2008—2011 年，地面沉降量大于 50 mm 的区域面积和体积总体呈增加趋势，地面沉降面积从 241.84 km² 增加到 817.81 km²，地面沉降体积从 17.13 km³ 增加到 58 km³；2011 年后，地面沉降面积和体积整体呈减小趋势，地面沉降面积从 817.81 km^2 减小到 583.91 km^2，地面沉降体积从 58 km^3 减小到 41.67 km^3。而地面沉降量大于 100 mm 的区域，2006—2008 年，地面沉降面积和体积均呈减少趋势，地面沉降面积从 74 km^2 减小到 16.85 km^2，地面沉降体积从 8.7 km^3 减小到 1.89 km^3；2008—2013 年，地面沉降面积和体积总体呈增加趋势，地面沉降面积从 16.85 km^2 增加到 84.29 km^2，地面沉降体积从 1.86 km^3 增加到 9.86 km^3；2013 年之后，地面沉降面积和体积均呈减小趋势，地面沉降面积从 84.29 km^2 减小到 53.23 km^2，地面沉降体积从 9.86 km^3 减小到 5.92 km^3。

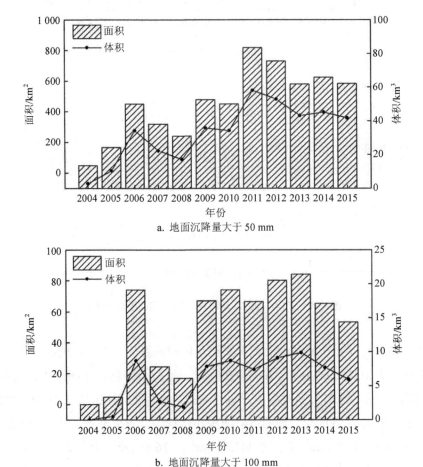

a. 地面沉降量大于 50 mm

b. 地面沉降量大于 100 mm

图 4-5　2004—2015 年研究区地面沉降面积及体积变化

　　北京平原区地面沉降具有多中心、沉降中心聚集程度高等特点。沉降最低点是地面沉降中受力最为集中的区域，其变化规律对地面沉降的演化趋势具有一定的指示意义。本研究采用等值线提取和离群值去除方法，提取了北京平原区地面沉降区沉降漏斗中心位置，并绘制 2004—2015 年地面沉降漏斗中心转移方向图（图 4-6）。结果显示，2004 年，沉降漏斗中心位于朝阳区来广营，年沉降量为 76 mm，之后漏斗中心向西南方向移动，2005 年沉降漏斗中心在朝阳区三间房，移动距离为 13 946 m，年沉降量为 106 mm。之后中心向东移动 6 136 m，2006 年位于通州区城关，2007 年漏斗中心转移回朝阳区三间房；2008—2015 年，沉降中心一直位于朝阳区，其间，沉降中心分别落在双桥（2008 年）、三间房（2009 年）、管庄（2010—2012 年、2014 年）、黑庄户（2013 年、2015 年）。2004—2015 年，除 2006 年北京平原区沉降中心分布在通州区外（离朝阳区不远），其他年份沉降中心均在朝阳区，表明北京平原区沉降最严重的区域为朝阳区。

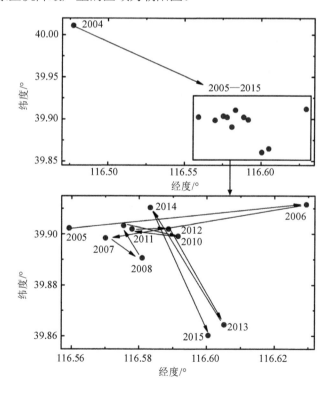

图 4-6　2004—2016 年研究区地面沉降漏斗中心转移方向

4.2　北京平原区地面沉降演化趋势分析

4.2.1　标准差椭圆方法

标准差椭圆最早由 Lefever 于 1926 年提出，用于揭示地理要素的空间分布特征。利用标准差椭圆可以概括要素的空间分布，并识别地理现象的趋势方向，长轴反映其在二维空间上展布的主趋势方向，短轴代表其在次要方向上偏离中心的程度。其工作原理是以地理要素空间分布的平均位置为中心，分别计算其在 X 方向和 Y 方向上的标准差，以此定义包含要素分布的椭圆的轴。使用该椭圆可以查看要素的分布是否被拉长，并由此而具有特定方向。因此，中心、长轴、短轴、方位角均为标准差椭圆的基本参数。

本研究采用加权标准差椭圆方法，分别以平均沉降速率和各年沉降量为权重，计算 SDFP 点空间分布的加权标准差椭圆，从多个角度（质心、长轴、短轴/长轴比值和方位角）分析地面沉降的空间演化趋势。SDFP 点的空间分布反映区域地面沉降的空间演化趋势，如果区域地面沉降为均匀地面沉降，即 SDFP 点之间没有差异，这时 SDFP 点的空间分布形态应为标准差圆；正是各点之间的差异，使 SDFP 点的空间分布形态表现为标准差椭圆。椭圆的中心、长轴、短轴和方位角均为标准差椭圆的基本参数。计算公式为

$$\begin{aligned} \text{SDE}_x &= \sqrt{\dfrac{\sum_{i=1}^{n}(x_i - \overline{X})^2}{n}} \\[2ex] \text{SDE}_y &= \sqrt{\dfrac{\sum_{i=1}^{n}(y_i - \overline{Y})^2}{n}} \end{aligned} \tag{4-1}$$

式中，x_i 和 y_i 为 SDFP 点 i 的坐标；$\{\overline{X}, \overline{Y}\}$ 表示 SDFP 点的平均中心；n 表示 SDFP 点的总数。

旋转角计算公式为

$$\tan\theta = \frac{A+B}{C}$$

$$A = \left(\sum_{i=1}^{n} \tilde{x}_i^2 - \sum_{i=1}^{n} \tilde{y}_i^2 \right)$$

$$B = \sqrt{\left(\sum_{i=1}^{n} \tilde{x}_i^2 - \sum_{i=1}^{n} \tilde{y}_i^2 \right)^2 + 4\left(\sum_{i=1}^{n} \tilde{x}_i \tilde{y}_i \right)^2} \qquad (4\text{-}2)$$

$$C = 2\sum_{i=1}^{n} \tilde{x}_i \tilde{y}_i$$

式中，$\tilde{x}_i$ 和 $\tilde{y}_i$ 为 x、y 坐标与平均中心的偏差。x 轴和 y 轴的标准差为

$$\sigma_x = \sqrt{\frac{\sum_{i=1}^{n} \left(\tilde{x}_i \cos\theta - \tilde{y}_i \sin\theta \right)^2}{n}}$$

$$\sigma_y = \sqrt{\frac{\sum_{i=1}^{n} \left(\tilde{x}_i \sin\theta - \tilde{y}_i \cos\theta \right)^2}{n}} \qquad (4\text{-}3)$$

式中，θ 为椭圆方位角，表示正北方向顺时针旋转到椭圆长轴所形成的夹角；σ_x 和 σ_y 分别为沿 x 轴和 y 轴的标准差。

4.2.2　基于标准差椭圆的北京平原典型区沉降演化趋势分析

利用 GIS 空间分析技术，将 SDFP 点 2004—2010 年的平均沉降速率作为权重，计算 SDFP 点空间分布中心与分布的方向特征。均值中心是所有 SDFP 点的平均 x、y 坐标。标准差椭圆既可反映要素空间分布中心，又能识别分布方向趋势，椭圆的长轴为空间分布点（SDFP 点）最多的方向，短轴为分布最少的方向。

如图 4-7 所示，地面沉降主要发生在东四环与东六环之间，中心位置为 116.62°E、39.94°N，位于东五环和东六环之间；标准差椭圆长轴方向覆盖到北六环和南六环，而短轴方向向西覆盖到东四环，向东则覆盖到东六环外，分布中心偏向东五环和东六环中间位置。东五环到东六环中心区域地面沉降发展较严重。从行政区域上，地面沉降主要发生在朝阳区东南部、通州区西北部和顺义区西南部地区。标准差椭圆长轴与南北方向平行，反映了地面沉降空间发展的南北方向

性延展趋势比其他方向延展趋势更加明显。标准差椭圆之内的 SDFP 点为 53 929 个，占 SDFP 点总数的 49.6%，椭圆之外的 SDFP 点为 54 682 个，占 SDFP 点总数的 50.4%。

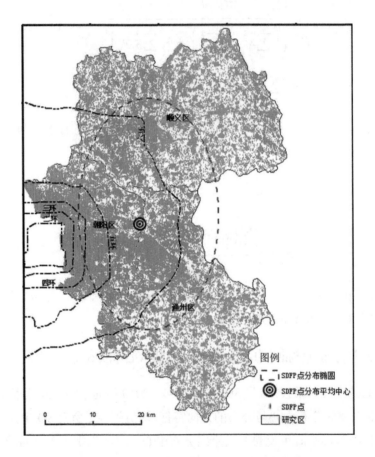

图 4-7　SDFP 点空间分布中心与分布方向特征

在获得 2004—2010 年平均地面沉降速率空间分布特征椭圆的基础上，同样采用加权标准差椭圆方法，将地面沉降量作为权重得到 2004—2010 年各年地面沉降量空间分布特征椭圆，如图 4-8 所示，2004—2010 年北京地面沉降呈现出加重趋势，主要沿东南方向发展，2004 年，地面沉降最大值为 104.04 mm，而到 2010 年地面沉降增加到 178.83 mm。在此基础上，统计各年椭圆面积和 SDFP 点数量可以发现，2004—2010 年，地面沉降空间分布特征椭圆大小整体变化较小，但各年间均有变化，如表 4-8 所示。从图 4-8 中可以发现，椭圆长轴方向变化较大，表明 2004—2010 年地面沉降的区域整体变化较小，但地面沉降的发展方向趋势变化较大。在此基础上，从标准差椭圆的重心变化、椭圆的空间分布范围、分布形状和分布方向 4 个方面分析地面沉降空间演化趋势。

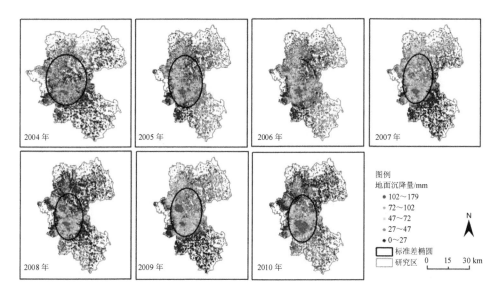

图 4-8　2004—2010 年北京平原区地面沉降空间特征演化

表 4-2　2004—2010 年北京平原区椭圆面积和 SDFP 点数量

项目	2004 年	2005 年	2006 年	2007 年	2008 年	2009 年	2010 年
SDFP 点数量/个	35 543	38 819	34 574	33 185	30 527	33 287	29 981
椭圆面积/km²	592.25	654.66	576.74	551.87	497.9	563.65	503.84

（1）地面沉降重心变化

2004—2010 年，朝阳区、通州区和顺义区 SDEP 点地面沉降中心迁移轨迹及距离变化如图 4-9 所示。2004 年，标准差椭圆的中心坐标为 116.59°E、39.97°N，2010 年，标准差椭圆的中心坐标为 116.61°E、39.93°N。朝阳区、通州区和顺义区 SDFP 点重心自 2004 年总体向南移动，其中，2004—2006 年主趋势为向东南方向移动，移动距离为 2 009.03 m；2006—2007 年主趋势为向北方向移动，移动距离为 3 756.77 m；
2007—2008 年主趋势为向南方向移动，移动距离为 3 762.84 m；2008—2009 年主趋
势为向北方向移动，移动距离为 3 233.10 m；2009—2010 年主趋势为向南方向移
动，移动距离为 3 862.91 m，如表 4-3 所示。移动距离基本呈增大趋势，这说明
不均匀地面沉降呈明显严重态势并向东南方向发展。地面沉降重心在朝阳区东部
不断变化，表明地面沉降一直处于发展态势。研究发现，重心所处位置地下水水
位整体呈下降趋势——朝阳区是北京地下水主要开采区，因地下水水位的滞后性
以及研究区处于复杂的地质环境下，使得地面沉降的重心产生了变化。

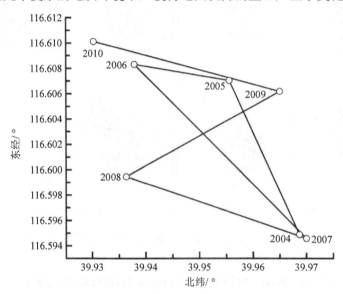

图 4-9　2004—2010 年北京平原区标准差椭圆质心变化图

表 4-3　2004—2010 年北京平原区质心移动距离变化

年份	$X/°$	$Y/°$	移动距离/m
2004	39.97	116.59	—
2005	39.96	116.61	1 790.77
2006	39.94	116.61	218.26
2007	39.97	116.59	3 756.77
2008	39.94	116.60	3 762.84
2009	39.96	116.61	3 233.10
2010	39.93	116.61	3 862.91

（2）地面沉降分布范围变化

标准差椭圆中的长轴长度反映了地面沉降分布范围。2004—2010 年，地面沉降空间分布范围变化如图 4-10 所示。由表 4-4 可以看出，2004—2010 年地面沉降空间分布范围变化明显，标准差椭圆长轴长度由 2004 年的 17 264 m 减少到 2010 年的16 069.51 m。其中，2004—2005 年，标准差椭圆长轴长度增大，由 2004 年的 17 264 m增长到 2005 年的 17 722.21 m，说明地面沉降空间分布范围变大。2005—2008 年，标准差椭圆长轴长度减小，表明地面沉降空间分布范围呈减弱趋势，2008—2009 年，地面沉降空间分布范围明显呈扩大趋势，2009—2010 年，地面沉降空间分布范围呈减弱趋势。地面沉降空间分布范围呈减弱趋势表明地面沉降空间分布呈连片趋势，长期开采地下水导致北京地面沉降处于发展趋势。

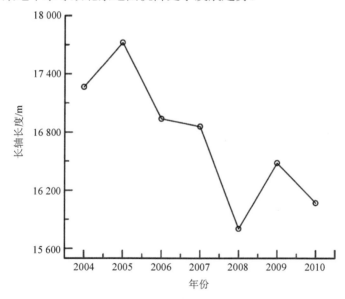

图 4-10　2004—2010 年北京平原区标准差椭圆长轴变化

表 4-4　2004—2010 年北京平原区标准差椭圆长轴参数

年份	$X/°$	$Y/°$	长轴/m
2004	39.96	116.59	17 264
2005	39.95	116.60	17 722.21
2006	39.93	116.60	16 936.22

年份	X/°	Y/°	长轴/m
2007	39.97	116.59	16 857.27
2008	39.93	116.59	15 800.87
2009	39.96	116.60	16 480.39
2010	39.93	116.610	16 069.51

（3）地面沉降分布差异分析

标准差椭圆短轴与长轴的比值表示 SDFP 点的空间分布形状，比值越接近 1，表明 SDFP 点的空间分布主体区域形状越接近于圆，说明地面沉降在各个方向演化较为均匀。2004—2010 年，朝阳区、顺义区和通州区 SDFP 点空间分布形状变化（短轴/长轴）如图 4-11 所示。2004—2010 年 SDFP 点空间分布形状波动明显，2005—2007 年和 2009—2010 年，短轴/长轴比值明显下降，SDFP 点空间分布形状呈明显的扁化趋势，这与其标准差椭圆长轴增长、短轴缩短有关。反映出的地面沉降空间变化为在代表长轴方向的南—北方向地面沉降发展明显，而在短轴方向（东—西方向）的地面沉降发展相对减缓。与此相反，2004—2005 年和 2007—2009 年，短轴/长轴比值明显增大，表明地面沉降在代表长轴方向的南—北方向地面沉降发展相对减缓，而在短轴方向（东—西方向）的地面沉降发展明显。

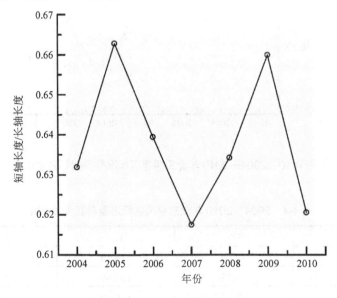

图 4-11　2004—2010 年北京平原区短轴长度/长轴长度变化

（4）地面沉降分布方向变化

标准差椭圆方位角为正北方向与顺时针旋转的长轴之间的夹角，反映地面沉降发展的主趋势方向。2004—2010 年 SDFP 点空间分布方向变化如图 4-12 所示。2004—2006 年，地面沉降空间分布方位角呈明显增大趋势，其空间分布标准差椭圆在空间上表现为较明显的逆时针旋转（方位角由 2004 年的 0.84°增大到 2006 年的 18.98°）。2006—2008 年，地面沉降空间分布方位角呈减缓趋势，其空间分布标准差椭圆在空间上表现为顺时针旋转（方位角由 2006 年的 18.98°减小到 2008 年的 10.73°）。

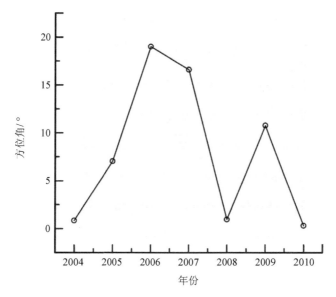

图 4-12 2004—2010 年北京平原区标准差椭圆方位角空间分布变化

4.3 北京平原区地面沉降空间格局特征分析

为了进一步分析北京平原区地面沉降在空间上的分布特点，本研究选取空间统计分析中的空间自相关描述指标，从定量的角度描述北京平原区地面沉降空间分布特征。空间自相关是指在相同分布区域内的某些变量之间潜在的相互依赖性，Waldo 于 1970 年提出"地理学第一定律"，任何事物在空间上都存在某种关系，并且靠得越近，这种关系就会越紧密。可以说，空间自相关反映了一个区域上的某种地理现象或其中某一个属性值与相邻单元相同现象或属性值的相似程度。本研究将北京平原区的乡镇作为单元，选取全局指标（Global Moran's I 指数）、局部指标（Local Moran's I），定量分析北京平原区地面沉降的空间分布特点。

4.3.1 空间格局分析与检验理论

（1）Global Moran's I 指数

本研究选取的全局度量指标为全局莫兰（Global Moran's I）指数，该指数是澳大利亚统计学家 Patrick Alfred Pierce Moran 于 1950 年提出的，Global Moran's I 指数的取值范围为$-1 \sim 1$，-1 表示对象之间存在强烈的空间负相关关系，0 表示对象属于完全随机状态，而 1 表示对象在空间上存在显著的正相关关系，Global Moran's I 指数形式表达如下：

$$I = \frac{n}{S_0} \frac{\sum_{i=1}^{n}\sum_{j=1}^{n} w_{i,j} z_i z_j}{\sum_{i=1}^{n} z_i^2} \tag{4-4}$$

式中，z_i 为对象 i 的属性与其平均值$(x_i - \overline{X})$的偏差；z_j 为对象 j 的属性与其平均值$(x_j - \overline{X})$的偏差，在本研究中，对象 i 即为 i 乡镇的平均地面沉降量；$w_{i,j}$ 为对象 i 和 j 之间的空间权重；n 为对象的个数；S_0 为所有空间权重的聚合，表达式为

$$S_0 = \sum_{i=1}^{n}\sum_{j=1}^{n} w_{i,j} \tag{4-5}$$

（2）Local Moran's I 指数

Local Moran's I 指数计算公式如下：

$$I_i = z_i \sum_{j}^{n} w_{i,j} z_j \tag{4-6}$$

式中，z_i 为对象 i 的属性与其平均值$(x_i - \overline{X})$的偏差；z_j 为对象 j 的属性与其平均值$(x_j - \overline{X})$的偏差；$w_{i,j}$ 为进行标准化后的空间权重矩阵。若 I_i 值为正，表示对象与周围单元对象呈现相似性高值或低值空间集聚特征；若 I_i 值为负，表示对象与周围单元对象呈现非相似空间集聚现象。

（3）Global Moran's I 指数和 Local Moran's I 指数的显著性检验

在计算出 Global Moran's I 指数和 Local Moran's I 指数后，要对其显著性进行检验，在本研究中选取 P 值和 Z 得分作为指标进行显著性检验，利用 P 值和 Z 得分来判断结果是接受零假设或拒绝零假设。零假设指在空间统计中，对象的空间位置在一定区域内呈现完全随机（均匀）分布（在自然现象中，均匀分布出现的概率极小，基本可以忽略）。P 值（P-Value），指概率，表示某个事件发生的可能性的大小。P 值为 0.1 表示结果有 1/10 的可能是随机生成的，所以 P 值要小于 0.1。Z 得分为标准差的倍数，而标准差是反映数据集离散程度的指标，在对数据进行分析之前，要建立一个置信度，来设定研究数据在期望的区间内的可能性。表 4-5 为不同置信度下未经校正的临界 P 值和临界 Z 得分。

表 4-5　不同置信度下的临界 P 值和临界 Z 得分

Z 得分（标准差）	P 值（概率）	置信度/%
<-1.65 或 >1.65	<0.10	90
<-1.96 或 >1.96	<0.05	95
<-2.58 或 >2.58	<0.01	99

本研究中，如果 $P<0.05$，则表示观测对象 i 与周围观测对象具有相对较高的观测值；如果 $P>0.95$，则表示观测对象 i 与周围观测对象具有相对较低的观测值。

4.3.2　基于 R 语言的北京平原区地面沉降空间格局分析

（1）空间统计分析前期数据准备

利用 R 语言进行空间统计分析需要有存储观测值及其空间关系的空间权重文件，本研究将 ArcMAP 中北京平原区乡镇的 Shapefile 格式数据导出为文本 txt 格式文件（图 4-13），用于 GeoDa 软件中生成空间权重文件。txt 文件第一行表示有 251 个乡镇及街道，共有 5 列值；第二行是列名，分别为乡镇及街道名称（NAME）、ID 号、纬度、经度、沉降量值。将 txt 文件按经纬度导入 GeoDa 软件中，生成空间权重文件。

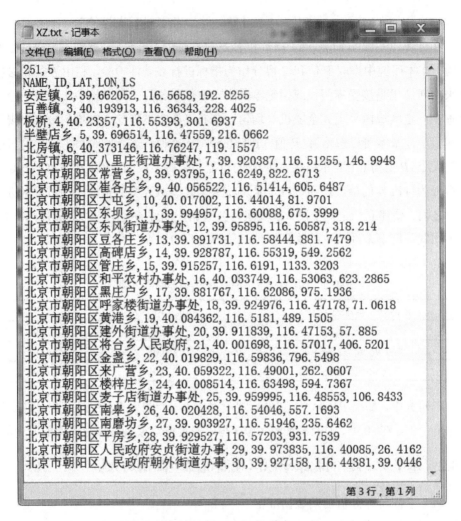

图 4-13　按 GeoDa 格式存储的 txt 文件

（2）Global Moran's I 指数获取及检验

在空间权重文件的基础上，打开 R 语言窗口 R GUI，计算 Global Moran's I 指数，算法如表 4-6 所示。

表 4-6　计算 Global Moran's I 指数算法

输入：研究区乡镇地理坐标及沉降量值
输出：Global Moran's I 指数值
>library(spdep) #导入 spdep 包
>xz<-read.csv("XZ.txt",header=TRUE,skip=1) #读取 XZ.txt 文件
>XZ #查看 XZ 数据
>attach(XZ) #将已读的 XZ 数据放入搜索范围内
>xzgwt<-read.gwt2nb("xzgwt.GWT",region=ID) #读入空间权重文件
>xzdw<-nb2listw(xzgwt) #生成 listw 文件
>str(moran(LS,xzdw,length(xzgwt),Szero(xzdw))) #计算 Global Moran's I 指数值

计算结果显示如表 4-7 所示。

表 4-7　Global Moran's I 指数结果

List of 2
$ I:num 0.709
$ K:num 7.96

可以看到，Global Moran's I 指数为 0.709，这表明北京平原区各乡镇地面沉降存在正的空间自相关关系，北京平原区各乡镇的地面沉降有较强的空间集聚效应，即地面沉降严重区和轻微区都分别存在集聚，该结论与北京平原区地面沉降空间分布十分吻合。K 为 7.96 是样本值的峰度。对北京平原区各乡镇地面沉降的 Global Moran's I 指数进行随机检验，命令为>moran.test（LS，xzdw），结果如表 4-8 所示。

表 4-8　Global Moran's I 指数随机检验结果

Global Moran's I 指数随机检验
data:　LS
weights: xzdw
Moran I statistic standard deviate = 22.911, p-value =0.000 000 000 000 000 220 00
alternative hypothesis: greater
sample estimates:

Moran I statistic	Expectation	Variance
0.6692920960	−0.004 000 000 0	0.000 863 609 6

之后进行正态近似检验，命令为>moran.test（LS，xzdw，rando misation = FALSE），结果如表 4-9 所示。

表 4-9　Global Moran's I 指数正态近似检验结果

Global Moran's I 指数正态检验		
data：LS		
weights：xzdw		
Moran I statistic standard deviate = 22.786，p-value =0.000 000 000 000 00 022 000		
alternative hypothesis：greater		
sample estimates：		
Moran I statistic	Expectation	Variance
0.669 292 0960	−0.004 000 0000	0.000 881 4487

两种方法得到的检验结果基本一致，P 值为 0.000 0，小于 0.01，表明全局自相关 Global Moran's I 指数显著。

进一步对 2004—2015 年各年累积沉降量进行空间自相关分析，同样将 ArcMAP 中北京平原区乡镇 2004—2015 年各年累积沉降量的 Shapefile 格式数据导出为 txt 格式文件，用于 GeoDa 软件中生成空间权重文件。将 txt 文件按经纬度导入 GeoDa 软件中，生成空间权重文件。利用 R 语言中 Global Moran's I 算法进行计算，得到 2004—2015 年各年累积沉降量的 Global Moran's I 指数，如表 4-10 所示，对各年各乡镇地面沉降的 Global Moran's I 指数进行随机检验和正态检验，各年 Global Moran's I 指数检验结果中的 P 值均为 0.000 0，表明全局自相关 Global Moran's I 指数显著。

表 4-10　2004—2015 年各年累积沉降 Global Moran's I 指数结果

年份	Global Moran's I 指数	年份	Global Moran's I 指数
2004	0.772	2010	0.774
2005	0.794	2011	0.773
2006	0.784	2012	0.779
2007	0.781	2013	0.783
2008	0.772	2014	0.782
2009	0.772	2015	0.783

从表 4-10 中可以看出，2004—2015 年，Global Moran's I 指数均达到 0.7 及以上，说明北京平原区各乡镇地面沉降存在较强的正的空间自相关关系，各乡镇的地面沉降有较强的空间集聚效应，即地面沉降严重区和轻微区都分别存在集聚，其中各乡镇地面沉降空间关系最强的是 2005 年，Global Moran's I 指数达到 0.794，各乡镇地面沉降空间关系较弱的是 2004 年、2008 年和 2009 年。

2004—2015 年各年累积沉降量 Global Moran's I 指数变化情况如图 4-14 所示。

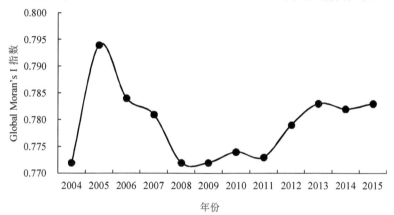

图 4-14　2004—2015 年各年累积沉降量 Global Moran's I 指数变化情况

（3）Local Moran's I 指数获取及检验

Local Moran's I 指数算法如表 4-11 所示。

表 4-11　计算 Local Moran's I 指数算法

输入：北京平原区乡镇地理坐标及沉降量值
输出：Local Moran's I 指数值
```
>library(spdep) #导入 spdep 包
>xz<-read.csv("XZ.txt",header=TRUE,skip=1) #读取 XZ.txt 文件
>XZ #查看 XZ 数据
>attach(XZ) #将已读的 XZ 数据放入搜索范围内
>xzgwt<-read.gwt2nb("xzgwt.GWT",region=ID) #读入空间权重文件
>xzdw<-nb2listw(xzgwt) #生成 listw 文件
>oid<-order(ID)
>resI<-localmoran(LS,xzdw,p.adjust.method="bonferroni")
>printCoefmat(data.frame(resIoid,row.names=NAME),check.names=FALSE)
```

部分 Local Moran's I 指数计算结果如表 4-12 所示。

表 4-12　部分 Local Moran's I 指数结果

名称	Local Moran's I 指数	期望值	方差	Z	P
安定镇	−0.000 3	−0.004 0	0.321 5	0.006 5	1.000 000 000
百善镇	0.124 0	−0.004 0	0.118 2	0.372 3	1.000 000 000
板桥	0.249 7	−0.004 0	0.135 6	0.688 8	1.000 000 000
半壁店乡	−0.003 8	−0.004 0	0.484 2	0.000 3	1.000 000 000
北房镇	0.137 4	−0.004 0	0.135 6	0.383 9	1.000 000 000
永丰乡	0.533 9	−0.004 0	0.093 8	1.756 3	0.434 728 502
北七家镇	1.029 1	−0.004 0	0.104 6	3.193 5	0.007 027 120
北石槽镇	0.001 2	−0.004 0	0.135 6	0.014 0	1.000 000 000
北务镇	0.123 2	−0.004 0	0.321 5	0.224 4	1.000 000 000
北小营镇	−0.010 6	−0.004 0	0.240 2	−0.013 5	1.000 000 000
北杨家桥乡	0.000 3	−0.004 0	0.118 2	0.012 5	1.000 000 000
北臧村乡	0.001 6	−0.004 0	0.484 2	0.008 1	1.000 000 000
草厂乡	0.057 2	−0.004 0	0.191 4	0.140 0	1.000 000 000
柴厂屯乡	0.020 1	−0.004 0	0.972 1	0.024 5	0.980 471 215
河南寨镇	0.154 7	−0.004 0	0.191 4	0.362 7	1.000 000 000
后沙峪	1.157 1	−0.004 0	0.118 2	3.377 2	0.003 295 015
胡各庄乡	1.042 3	−0.004 0	0.191 4	2.391 7	0.050 317 294
葫芦堡乡	0.261 5	−0.004 0	0.191 4	0.606 9	1.000 000 000
怀北镇	0.180 0	−0.004 0	0.240 2	0.375 5	1.000 000 000
怀柔镇	0.179 0	−0.004 0	0.191 4	0.418 2	1.000 000 000
黄松峪乡	0.008 7	−0.004 0	0.191 4	0.029 1	1.000 000 000
回龙观镇	0.105 7	−0.004 0	0.061 3	0.443 2	1.000 000 000
霍营乡	0.347 5	−0.004 0	0.065 9	1.369 1	1.000 000 000
金星乡	0.292 0	−0.004 0	0.042 7	1.432 6	1.000 000 000
旧宫镇	0.241 4	−0.004 0	0.028 7	1.447 4	1.000 000 000
巨各庄镇	0.141 5	−0.004 0	0.972 1	0.147 6	0.882 669 675
军庄镇	0.431 5	−0.004 0	0.158 9	1.092 7	0.960 826 141
靠山集乡	0.003 9	−0.004 0	0.191 4	0.018 1	1.000 000 000
南口镇	0.151 5	−0.004 0	0.191 4	0.355 4	1.000 000 000
南邵镇	0.026 9	−0.004 0	0.135 6	0.083 8	1.000 000 000

名称	Local Moran's I 指数	期望值	方差	Z	P
牛堡屯镇	−0.115 3	−0.004 0	0.158 9	−0.279 2	1.000 000 000
牛栏山镇	−0.017 5	−0.004 0	0.135 6	−0.036 6	1.000 000 000
平谷镇	0.002 2	−0.004 0	0.093 8	0.020 3	1.000 000 000
平西府镇	0.829 9	−0.004 0	0.077 5	2.994 6	0.017 861 283
七里渠乡	1.065 9	−0.004 0	0.077 5	3.842 1	0.000 792 812
桥梓镇	−0.074 7	−0.004 0	0.158 9	−0.177 3	1.000 000 000
沙河镇	0.775 1	−0.004 0	0.093 8	2.543 8	0.060 303 600
山东庄镇	0.001 0	−0.004 0	0.118 2	0.014 5	1.000 000 000
十里堡镇	0.184 4	−0.004 0	0.191 4	0.430 7	1.000 000 000
十三陵乡	0.180 1	−0.004 0	0.158 9	0.461 9	1.000 000 000
史各庄乡	0.711 3	−0.004 0	0.071 3	2.679 1	0.051 672 925
宋庄镇	1.777 3	−0.004 0	0.240 2	3.634 7	0.000 695 880
台湖乡	2.755 5	−0.004 0	0.118 2	8.026 5	0.000 000 000
檀营	0.178 7	−0.004 0	0.158 9	0.458 3	1.000 000 000
天堂河农场	−0.001 0	−0.004 0	0.972 1	0.003 1	0.997 536 374
天竺镇	1.036 2	−0.004 0	0.135 6	2.824 5	0.018 942 785
土楼乡	0.058 1	−0.004 0	0.240 2	0.126 8	1.000 000 000
坨里镇	0.430 2	−0.004 0	0.321 5	0.765 7	0.887 721 392
王辛庄乡	−0.016 1	−0.004 0	0.104 6	−0.037 3	1.000 000 000
瀛海乡	0.070 9	−0.004 0	0.135 6	0.203 3	1.000 000 000
永定镇	0.469 5	−0.004 0	0.077 5	1.700 5	0.578 754 242
永乐店乡	0.060 7	−0.004 0	0.321 5	0.114 2	1.000 000 000
于家务回族乡	0.050 0	−0.004 0	0.240 2	0.110 3	1.000 000 000
峪口镇	0.001 0	−0.004 0	0.104 6	0.015 5	1.000 000 000
张家湾镇	0.211 4	−0.004 0	0.135 6	0.584 9	1.000 000 000
张镇	−0.018 8	−0.004 0	0.135 6	−0.040 2	1.000 000 000
长陵镇	0.254 1	−0.004 0	0.240 2	0.526 6	1.000 000 000
长阳镇	0.478 3	−0.004 0	0.104 6	1.490 8	0.680 028 056
赵全营镇	0.173 1	−0.004 0	0.118 2	0.515 1	1.000 000 000
朱庄乡	0.041 7	−0.004 0	0.191 4	0.104 4	1.000 000 000

注：本书使用研究时间内区划名称，下同。

　　计算结果表明，北京平原区有 96 个乡镇的 P 值小于 0.05，说明这些乡镇的
地面沉降特点与周围乡镇的地面沉降特点存在较大相似性，主要为城关镇、次渠
镇、高丽营镇、巩华镇、后沙峪镇、梨园镇、南法信镇、平西府镇、七里渠乡、

宋庄镇、台湖乡、天竺镇、徐辛庄镇等 96 个乡镇及街，其中，如果 I_0 值较大，说明乡镇以高值的形式集聚，表示这些乡镇的沉降均比较严重。而北京平原区共 155 个乡镇的 I_0 为负值或 P 值大于 0.05，说明这些乡镇的地面沉降特点与周围乡镇的地面沉降特点存在一定的差异，主要为管道乡、韩庄镇、怀北镇、旧宫镇、金星乡、回龙观镇、霍营乡、巨各庄镇、军庄镇、龙湾屯镇、马池口镇、庙城镇等 155 个乡镇及街道。

根据 I_0 值和 Z 得分值区别各个乡镇地面沉降的空间关联特征，其中莫兰指数为正、Z 得分为正、I_0 值为正表示 HH 高值聚集模式；莫兰指数为正，Z 得分为负，I_0 值为负（异常）表示 LH 高值包含低值异常模式；莫兰指数为负，Z 得分为负，I_0 值为正表示 LL 低值集聚模式；莫兰指数为负，Z 得分为负，I_0 值为负（异常）表示 HL 低值包含高值异常模式。研究发现，各个乡镇主要表现为 HH 高值聚集模式和 LL 低值集聚模式，表明在整体模式上，地面沉降分布特征属于集聚模式，在局部模式上，地面沉降分布同样存在集聚模式，并且包括高值集聚（第一象限）和低值集聚（第三象限）模式。将散点图上的各个乡镇在 ArcGIS 中显示出来，得到各乡镇空间关联图（图 4-15）。

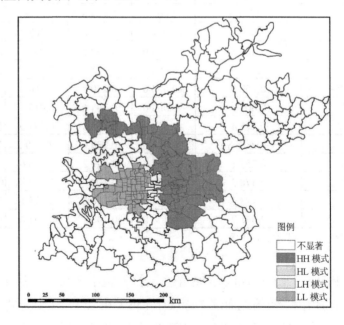

图 4-15　研究区各乡镇空间关联

从图 4-15 中可以看到，地面沉降严重区（HH 集聚区，这里主要指该乡镇与相邻的乡镇地面沉降均属于严重区）主要分布在北京平原区的西北部和东部，主要包括上庄乡、沙河镇、巩华镇、史各庄乡、七里渠乡、天竺镇、常营乡、管庄乡等 38 个乡镇及街道（表 4-13）；地面沉降轻微区（LL 集聚区）主要分布在北京平原区中部，主要包括海淀区紫竹院街道、万寿路街道、羊坊店街道、丰台区马家堡街道、西罗园街道、东城区建国门街道、朝阳区三里屯街道等 60 个街道。

表 4-13　地面沉降严重区乡镇

序号	名称	序号	名称	序号	名称
1	北七家镇	14	台湖乡	27	楼梓庄乡
2	后沙峪镇	15	平西府镇	28	东坝乡
3	燕丹乡	16	七里渠乡	29	金盏乡
4	宋庄镇	17	高碑店乡	30	南皋乡
5	徐辛庄镇	18	管庄街道办事处	31	孙河乡
6	天竺镇	19	平房乡	32	和平办事处
7	次渠镇	20	三间房乡	33	崔各庄乡
8	胡各庄乡	21	豆各庄乡	34	黄港乡
9	城关镇	22	王四营乡	35	上庄乡
10	梨园镇	23	管庄乡	36	府垡头街道
11	沙河镇	24	双桥办事处	37	将台乡
12	巩华镇	25	黑庄户乡	38	首都机场街道
13	史各庄乡	26	常营乡		

为进一步分析地面沉降严重乡镇的空间自相关特点，获取 38 个地面沉降严重乡镇的 Global Moran's I 指数，同样将 ArcMAP 中 38 个地面沉降严重乡镇 2004—2015 年各年累积沉降量的 Shapefile 格式数据导出为 txt 格式文件，用于 GeoDa 软件中生成空间权重文件。利用 R 语言中 Moran's I 算法进行计算，得到 2004—2015 年各年地面沉降严重区累积沉降量的 Global Moran's I 指数，如表 4-14 所示，对各年各乡镇地面沉降的 Moran's I 指数进行随机检验和正态检验，各年 Moran's I 指数检验结果中的 P 值均为 0.000 0，表明自相关 Global Moran's I 指数显著。

表 4-14   2004—2015 年地面沉降严重乡镇 Global Moran's I 指数结果

年份	Global Moran's I 指数	年份	Global Moran's I 指数	年份	Global Moran's I 指数
2004	0.488	2008	0.556	2012	0.514
2005	0.539	2009	0.541	2013	0.540
2006	0.573	2010	0.523	2014	0.531
2007	0.546	2011	0.500	2015	0.523

从表 4-14 中可以看到，地面沉降严重乡镇的 Global Moran's I 指数最小的是 2004 年，为 0.488，而在 2005—2015 年，各乡镇的 Global Moran's I 指数均达到 0.5 及以上，表明各乡镇在空间上呈现较明显的正空间自相关形式。而相比北京平原区的 Global Moran's I 指数，地面沉降严重乡镇的 Global Moran's I 指数较小，表明地面沉降严重乡镇的空间自相关程度弱于北京平原区的空间自相关程度，这也在一定程度上说明地面沉降严重乡镇的地面沉降不均匀程度要强于北京平原区的地面沉降不均匀程度。

从图 4-16 中可以看到，2004—2006 年地面沉降严重乡镇的 Global Moran's I 指数呈增大趋势，表明该部分乡镇全局自相关程度呈加强状态，说明该部分乡镇地面沉降不均匀程度呈减弱趋势，2006—2015 年严重乡镇的 Global Moran's I 指数虽有短暂回升趋势（2007—2008 年和 2011—2013 年），但总体呈减小趋势，表明该部分乡镇全局自相关程度呈减弱状态，进一步表明该部分乡镇地面沉降不均匀程度基本呈加重趋势。

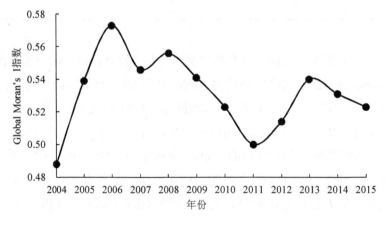

图 4-16   2004—2015 年各年地面沉降严重区累积沉降量 Global Moran's I 指数变化情况

　　进一步对北京平原区各乡镇地面沉降进行冷热点分析，结果如图 4-17 所示，研究区不仅包含地面沉降严重区和轻微区，还有一些"过渡"地带，其中围绕在地面沉降严重区周围的 7 个乡镇，分别为回龙观镇、永丰乡、南法信镇、高丽营镇、张家湾镇、百善镇和霍营乡，这些乡镇后期可能会发展成地面沉降严重区；而围绕在地面沉降轻微区周围的街道及乡镇，后期发展成地面沉降严重区的可能性相对较小。通过空间自相关分析和热点分析，总结出北京平原区地面沉降严重区及未来严重区乡镇，如表 4-15 所示。

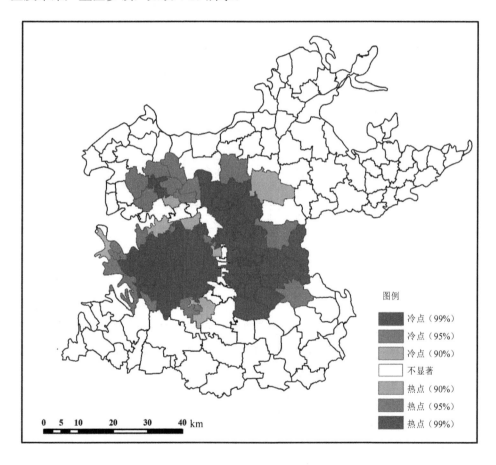

图 4-17　研究区地面沉降热点分析结果

表 4-15　地面沉降严重区及未来严重区乡镇

序号	名称	序号	名称	序号	名称
1	北七家镇	16	七里渠乡	31	孙河乡
2	后沙峪镇	17	高碑店乡	32	和平办事处
3	燕丹乡	18	管庄街道办事处	33	崔各庄乡
4	宋庄镇	19	平房乡	34	黄港乡
5	徐辛庄镇	20	三间房乡	35	上庄乡
6	天竺镇	21	豆各庄乡	36	府垒头街道
7	次渠镇	22	王四营乡	37	将台乡
8	胡各庄乡	23	管庄乡	38	首都机场街道
9	城关镇	24	双桥办事处	39	回龙观镇
10	梨园镇	25	黑庄户乡	40	永丰乡
11	沙河镇	26	常营乡	41	南法信镇
12	巩华镇	27	楼梓庄乡	42	高丽营镇
13	史各庄乡	28	东坝乡	43	张家湾镇
14	台湖乡	29	金盏乡	44	百善镇
15	平西府镇	30	南皋乡	45	霍营乡

4.4　小结

　　本章利用基于 SBAS-InSAR 技术获取的北京平原区地面沉降信息，从分析北京平原区地面沉降空间格局特征入手，重点分析北京平原区 2003—2015 年平均沉降速率、累积沉降量、时序沉降量分布特征及地面沉降面积和体积变化特征，然后基于 R 语言进行空间统计分析，获取北京平原区 251 个乡镇的 Global Moran's I 指数和 Local Moran's I 指数，定量分析了北京平原区地面沉降空间格局特征，主要结论如下：

　　（1）2003—2015 年，北京平原区地面沉降空间分布差异性较强，区域内形成了多个沉降漏斗，2003—2010 年，研究区地面沉降平均速率为 134 mm/a，而 2010—2015 年，地面沉降平均速率增加到 141 mm/a。

（2）通过分析 2003—2015 年累积沉降量发现，截至 2015 年，北京平原区最大累积沉降量达到 1 357 mm，累积沉降量大于 500 mm 的区域面积达到 463.3 km²，占平原区总面积的 7%，而累积沉降量大于 300 mm 的区域面积已经达到 1 271.7 km²，占平原区总面积的 20%。

（3）统计北京平原区地面沉降面积及体积发现，地面沉降量大于 50 mm 的区域，2004—2011 年，地面沉降面积和体积均呈增加趋势，2011 年后，地面沉降面积和体积均呈减小趋势；而地面沉降量大于 100 mm 的区域，地面沉降面积和体积在 2004—2013 年总体呈增加趋势，2013 年之后呈减小趋势。

（4）北京平原区各乡镇地面沉降 Moran's I 指数为 0.669，表明北京平原区各乡镇地面沉降存在正的空间自相关关系，即北京平原区各乡镇的地面沉降有较强的空间集聚效应。

（5）北京平原区有 38 个乡镇属于 HH 集聚区，表明某乡镇或街道与相邻的乡镇或街道的地面沉降均属于严重区，主要分布在北京平原区的西北部和东部；而 LL 集聚区主要包括 60 个乡镇或街道，主要分布在北京平原区的中部。利用冷热点分析（找到一些沉降量较大的乡镇，但其周围乡镇的沉降量不大的区域，统一划分成地面沉降严重区，作为后面章节的研究区），发现北京平原区存在一些"过渡"地带，这些区域可能会发展成地面沉降严重区，据此得到了北京平原区的地面沉降严重区，包括 45 个乡镇或街道。

第5章　北京平原区不同土地利用类型的地面沉降特征分析

5.1　基于面向对象的高分遥感影像分类

目前，遥感影像分类方法主要包括基于像元的遥感影像分类和面向对象的遥感影像分类。前者是根据地物的光谱特性来选择特征参数，基于遥感影像中像素不同波段的空间结构特性和光谱亮度等信息，选择某种原则，计算所有像素不同波段灰度值的统计特性，对相似的像素进行聚类分析，将所有像素划分到各个互不重叠的特征子空间中。这种分类方法仅依赖像元的光谱特征，容易忽略局部像元周围像素的纹理和结构等信息，进而降低大尺度影像分类的精度。而与传统的基于像素的分类方法相比，面向对象的遥感分类方法不仅考虑光谱信息特征，而且考虑影像的空间信息，在分类时克服了基于像元的遥感影像分类时无法对相同语义特征的像元集合进行识别的缺陷，是目前最受欢迎的高分辨率遥感影像的分类方法。

面向对象的遥感影像分类方法不再是针对单个像素，而是根据特定的影像分割后的图斑单元进行分类。该方法的分析过程为，首先对遥感影像中的像元进行分割，分割成同质区域或者同质像元，然后按照具体要求提取目标地物信息，从而实现遥感影像分类的目的。总结面向对象的遥感影像分类主要包括影像分割和像元分类两个步骤，主要分类流程如图5-1所示。

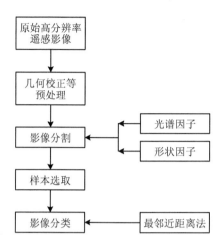

图 5-1　面向对象的遥感影像分类流程

在本研究中，影像分割方法选取多尺度影像分割方法（Multiresolution Segmentation），该方法是通过合并相邻的像元或者小的分割单元，在确保单元与单元之间平均异质性最小、单元内部像素之间同质性最大的前提下，基于区域合并技术实现影像的分割，表示异质性系数 f 的计算公式如下：

$$f = wh_{col} + (1-w)h_{sha} \qquad (5\text{-}1)$$

式中，w 为权重值，取值范围为 0～1，是主观定义的权重；h_{col} 为光谱异质性；h_{sha} 为形状异质性，计算公式如下：

$$h_{sha} = w_{com}h_{com} + (1-w_{com})h_{smo} \qquad (5\text{-}2)$$

式中，h_{com} 为紧密度；h_{smo} 为光滑度；w_{com} 为光谱权重，与 w 相似，取值范围为 0～1，是主观定义的权重。

比较常用的面向对象分类方法有两种，一种是最邻近分类方法（Nearest Neihbor），它是基于样本训练，类似于像元分类方法，在选择训练样本的基础上对分割后的对象进行分类，主要步骤如下：

1）建立详细的分类体系，选取分类样本；

2）构建特征空间，根据熟知的知识，选取参与分类的特征；

3）执行分类操作；

4）分类结果的输出及面积统计等。

另一种是隶属度函数分类方法（Membership Function），是基于知识规则定义，通过构建模糊规则对分割后的对象进行分类，主要步骤如下：

1）建立详细的分类体系，选取分类样本；

2）根据熟知的知识，确定需要的特征，确定各个地物类别的阈值；

3）选取合适的隶属度函数对影像进行分类；

4）分类结果的输出及面积统计等。

本研究在2010年北京市环境保护局土地利用分类数据的基础上，对2014年Spot 6影像进行分割，选取最邻近距离法对影像进行分类，获取2014年北京平原区土地利用类型分类数据，分类标准如表5-1所示。

表 5-1　研究区土地利用类型分类标准

一级分类		二级分类	
编号	名称	编号	名称
1	耕地	11	水田
		12	旱地
		13	菜地
2	林地	21	有林地
		22	灌木林地
		23	疏林地
		24	园林地
3	草地	31	高覆盖度草地
		32	中覆盖度草地
		33	低覆盖度草地
		34	人工草地
4	水域和湿地	41	河渠
		42	湖泊
		43	河湖湿地
5	建设用地	51	城镇建设用地
		52	农村居民点
		53	其他建设用地
6	未利用土地	61	沙地
		62	盐碱地
		63	沼泽地
		64	裸土地
		65	裸岩石砾地
		66	其他未利用地

5.2 不同土地利用类型的地面沉降特征分析

5.2.1 不同土地利用类型的地面沉降统计分析

对北京地物进行面向对象分类，得到北京土地利用分类图（图 5-2）。北京市大部分地区为建设用地，提取北京平原区土地利用情况，与 SDFP 点进行叠加分析，得到表 5-2。

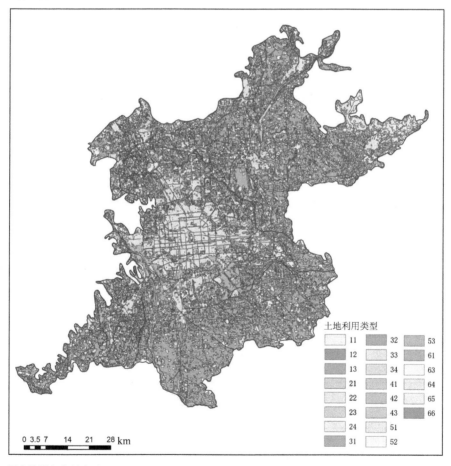

注：图中编号名称见表 5-2。

图 5-2　研究区土地利用分类图

表 5-2　研究区土地利用类型

编号	名称	面积/km²	SDFP 点数量/个
1	耕地	2 151.09	15 323
11	水田	29.26	110
12	旱地	1 753.10	12 232
13	菜地	368.74	2 981
2	林地	949.80	14 210
21	有林地	540.99	9 745
22	灌木林地	15.21	173
23	疏林地	4.94	106
24	园林地	388.66	4 186
3	草地	348.84	10 035
31	高覆盖度草地	25.29	711
32	中覆盖度草地	99.46	3 327
33	低覆盖度草地	121.62	3 847
34	人工草地	102.46	2 150
4	水域和湿地	232.70	3 782
41	河渠	60.85	1 159
42	湖泊	111.46	1 533
43	河湖湿地	60.40	1 090
5	建设用地	2 635.58	162 320
51	城镇建设用地	898.09	74 138
52	农村居民点	635.06	39 701
53	其他建设用地	1 102.44	48 481
6	未利用土地	67.37	1 342
61	沙地	36.66	864
63	沼泽地	0.24	11
64	裸土地	20.34	242
65	裸岩石砾地	0.70	15
66	其他未利用地	9.44	210

　　从表 5-2 中可以看到，北京平原区中建设用地所占面积最大，面积达到 2 635.58 km², SDFP 点数量达到 162 320 个；其次为耕地，面积为 2 151.09 km²，SDFP 点数量达到 15 323 个；而未利用土地所占面积最小，仅为 67.37 km²，区域内仅有 1 342 个 SDFP 点。进一步提取地面沉降严重区土地利用类型情况，如表 5-3 所示，从表 5-3 中可以看到，地面沉降严重区面积为 1 121.94 km²，区域内有 48 724 个 SDFP 点，其中建设用地所占面积最大，达到 600.71 km²，SDFP 点数量达到 39 251 个；其次是耕地，面积达到 216.78 km²，SDFP 点数量为 2 874 个；未利用土地的面积最小，仅有 7.10 km²，SDFP 点数量仅为 86 个。

表 5-3　严重沉降区土地利用类型

编号	名称	面积/km²	SDFP 点数量/个
1	耕地	216.78	2 874
11	水田	7.17	49
12	旱地	177.89	2 239
13	菜地	31.72	586
2	林地	132.97	2 510
21	有林地	102.95	2 155
24	园林地	29.85	355
3	草地	108.74	3 097
31	高覆盖度草地	6.26	186
32	中覆盖度草地	29.50	1 059
33	低覆盖度草地	41.20	1 298
34	人工草地	31.78	554
4	水域和湿地	55.64	906
41	河渠	20.24	266
42	湖泊	21.90	427
43	河湖湿地	13.50	213
5	建设用地	600.71	39 251
51	城镇建设用地	206.08	16 565
52	农村居民点	109.37	9 067
53	其他建设用地	285.26	13 619
6	未利用土地	7.10	86
64	裸土地	5.39	53
66	其他未利用地	1.47	33

5.2.2 基于对应分析的地面沉降特征研究

（1）对应分析原理

对应分析（Correspondence Analysis）也叫作对应因子分析（Correspondence Factor Analysis），是一种多元统计分析方法，它利用降维的思想对数据的结构进行了简化，对应分析最开始在 1933 年由 Richardson 和 Kuder 提出大概思想，而真正得到发展是在 1970 年，由法国学者 Benzecri 和日本学者 Chikio 进行了比较详细的论述，对应分析是在主成分分析（R 型分析）和主因子分析（Q 型分析）两种方法的基础上发展起来的，除保留了 R 型分析和 Q 型分析的优点外，还能对样本的变量进行聚类分析，将样本和变量投影到二维平面上，从而更加清晰地获取样本和变量之间的关系，现常用于地质和地理方面复杂变量的关系研究中。

对应分析要求样本数据必须为正数，数据样本的形式如表 5-4 所示。

表 5-4 用于对应分析中的数据样本形式

变量 j	变量 i				
	1	2	3	...	p
1	$x_{1,1}$	$x_{1,2}$	$x_{3,1}$	...	$x_{1,p}$
2	$x_{2,1}$	$x_{2,2}$	$x_{3,2}$	...	$x_{2,p}$
3	$x_{3,1}$	$x_{3,2}$	$x_{3,3}$	...	$x_{3,p}$
...	...	...	...	...	...
n	$x_{n,1}$	$x_{n,2}$	$x_{n,3}$	...	$x_{n,p}$

总结对应分析的主要步骤如下：

①对原始数据进行预处理，得到类似表 5-4 中的矩阵 X，对 X 进行计算，得到概率矩阵 $P = P_{i,j} = \dfrac{x_{i,j}}{T}$，其中，$T = \sum_i \sum_j x_{i,j}$，这里用 T 和矩阵 X 中的每个元素相除，相当于改变了测量尺度，使样本与变量具有相同比例大小，为 $P \triangleq \dfrac{x_{i,j}}{T}$，其中 $1 < P_{i,j} < 1$，并且 $\sum_i \sum_j P_{i,j} = 1$，因此把 $P_{i,j}$ 作为概率。

②计算过渡矩阵 $Z = z_{i,j}$，其中

$$z_{ij} = \frac{x_{ij} - \dfrac{x_{i.}x_{.j}}{T}}{\sqrt{x_{i.}x_{.j}}}$$　　　　　（5-3）

式中，$x_{i.} = \sum\limits_{j=1} x_{ij}$；$x_{.j} = \sum\limits_{i=1} x_{ij}$。

③进行 R 型因子分析，计算协差阵 $A = Z'Z$ 的特征根 $\lambda_1 \geqslant \lambda_2 \geqslant \cdots \geqslant \lambda_p$，按其累积贡献率百分比 $\sum\limits_{\alpha=1}^{m}\lambda_\alpha / \sum\limits_{\alpha=1}^{p}\lambda_\alpha \geqslant 85\%$，取前 m 个特征根 $\lambda_1 \geqslant \lambda_2 \geqslant \cdots \geqslant \lambda_m$，同时计算对应的单位特征向量，记为 $\mu_1, \mu_2, \cdots, \mu_m$，进而获取 R 型因子载荷阵：

$$R = \begin{cases} \mu_{1,1}\sqrt{\lambda_1}, \mu_{1,2}\sqrt{\lambda_2}, \cdots, \mu_{1,m}\sqrt{\lambda_m} \\ \mu_{2,1}\sqrt{\lambda_1}, \mu_{2,2}\sqrt{\lambda_2}, \cdots, \mu_{2,m}\sqrt{\lambda_m} \\ \vdots \qquad \vdots \qquad \vdots \qquad \vdots \\ \mu_{p,1}\sqrt{\lambda_1}, \mu_{p,2}\sqrt{\lambda_2}, \cdots, \mu_{p,m}\sqrt{\lambda_m} \end{cases}$$　　　（5-4）

④进行 Q 型因子分析，对上面求得的 m 个特征根 $\lambda_1 \geqslant \lambda_2 \geqslant \cdots \geqslant \lambda_m$，求其对应于矩阵 $B = ZZ'$ 的单位特征向量 $Z\mu_1 \triangleq v_1, Z\mu_2 \triangleq v_2, \cdots, Z\mu_m \triangleq v_m$，进而得到 Q 型因子载荷阵：

$$Q = \begin{cases} v_{1,1}\sqrt{\lambda_1}, v_{1,2}\sqrt{\lambda_2}, \cdots, v_{1,m}\sqrt{\lambda_m} \\ v_{2,1}\sqrt{\lambda_1}, v_{2,2}\sqrt{\lambda_2}, \cdots, v_{2,m}\sqrt{\lambda_m} \\ \vdots \qquad \vdots \qquad \vdots \qquad \vdots \\ v_{n,1}\sqrt{\lambda_1}, v_{n,2}\sqrt{\lambda_2}, \cdots, v_{n,m}\sqrt{\lambda_m} \end{cases}$$　　　（5-5）

然后，在两两因子轴二维平面上作变量的散点图。

⑤根据因子二维平面上所显示的变量和变量之间、样本和样本之间、变量和样本之间的相互关系进行统计推断和分析。

（2）数据预处理

本研究预分析不同土地利用类型地面沉降特征，对 2003—2015 年研究区地面沉降累积沉降量进行分类，共分为 7 类（表 5-5）。

表 5-5　研究区地面沉降累积沉降量类型

编号	地面沉降累积沉降量/mm	编号	地面沉降累积沉降量/mm
I	1 200～1 357	V	400～600
II	1 000～1 200	VI	200～400
III	800～1 000	VII	45～200
IV	600～800		

统计不同土地利用类型发生各累积沉降量的面积，如表 5-6 所示。表 5-6 中地面沉降累积沉降量面积中的序号 I～VII 为表 5-5 中地面沉降累积沉降量的编号。本研究对应分析采用软件 SPSS 进行处理，在处理之前，用于分析不同土地利用类型和地面沉降累积沉降量对应关系的数据格式如表 5-7 所示，表 5-7 中土地利用类型编号和地面沉降累积沉降量编号为表 5-6 中的对应编号所代表的土地利用类型和地面沉降累积沉降量分类，本研究选用各地面沉降累积沉降量的面积作为后期频率变量进行分析。

表 5-6　不同土地利用类型各累积沉降量面积　　　　　单位：km²

编号	土地利用类型	地面沉降累积沉降量面积						
		I	II	III	IV	V	VI	VII
1	耕地	0.5	3.3	5.5	12.9	48.1	71.3	15.1
2	林地	0.6	1.8	5.8	17.2	38.8	36.0	6.8
3	草地	0.3	1.5	4.7	16.7	23.7	29.8	5.2
4	水域与湿地	0.0	0.2	3.0	5.3	11.4	14.4	2.7
5	建设用地	7.0	23.4	44.0	94.3	175.7	186.5	31.6
6	未利用土地	0.0	0.2	0.3	0.9	2.7	1.4	0.2

表 5-7　不同土地利用类型与地面沉降累积沉降量数据

土地利用类型编号	地面沉降累积沉降量编号	频率变量	土地利用类型编号	地面沉降累积沉降量编号	频率变量
1	I	0.5	2	I	0.6
	II	3.3		II	1.8
	III	5.5		III	5.8
	IV	12.9		IV	17.2
	V	48.1		V	38.8
	VI	71.3		VI	36.0
	VII	15.1		VII	6.8

土地利用类型编号	地面沉降累积沉降量编号	频率变量	土地利用类型编号	地面沉降累积沉降量编号	频率变量
3	I	0.3	5	I	7.0
	II	1.5		II	23.4
	III	4.7		III	44.0
	IV	16.7		IV	94.3
	V	23.7		V	175.7
	VI	29.8		VI	186.5
	VII	5.2		VII	31.6
4	I	0.0	6	I	0.0
	II	0.2		II	0.2
	III	3.0		III	0.3
	IV	5.3		IV	0.9
	V	11.4		V	2.7
	VI	14.4		VI	1.4
	VII	2.7		VII	0.0

（3）结果分析

利用软件 SPSS 进行对应分析，不同土地利用类型与各地面沉降累积沉降量的对应分析如表 5-8 所示。

表 5-8　对应分析

土地利用类型	累积沉降							
	I	II	III	IV	V	VI	VII	作用中的边界
1	0.5	3.3	5.5	12.9	48.1	71.3	15.1	156.7
2	0.6	1.8	5.8	17.2	38.8	36.0	6.8	107.0
3	0.3	1.5	4.7	16.7	23.7	29.8	5.2	81.9
4	0.0	0.2	3.0	5.3	11.4	14.4	2.7	37.0
5	7.0	23.4	44.0	94.3	175.7	186.5	31.6	562.5
6	0.0	0.2	0.3	0.9	2.7	1.4	0.2	5.7
作用中的边界	8.4	30.4	63.3	147.3	300.4	339.4	61.6	950.8

表 5-8 是由原数据整理而成的行列矩阵数据表，是两个变量的交叉表，表示的是不同土地利用类型和地面沉降累积沉降量不同组合下实际处理过程中用到的样本。

　　表 5-9 表示总惯量、卡方值及每一维度的公共因子所解释的总惯量的百分比信息。从表 5-9 中可以看出，第一列为维数，是研究中变量的最小分类数减 1，本研究中最小分类数是土地利用类型分类，共有 6 类，所以维数为 5；第二列为奇异值，可以解释成特征值，表示行和列因子的相关性；第三列为惯量，是各因子奇异值的平方值，本研究中总惯量为 0.029，累积惯量比例表示因子的贡献率，可以看出，本研究中前 4 个维度累积解释了 99.7%的信息。

表 5-9　对应分析摘要

维数	奇异值	惯量	卡方	sig.	惯量比例		置信奇异值	相关
					解释	累积	标准差	2
1	0.148	0.022			0.746	0.746	0.030	0.006
2	0.067	0.005			0.154	0.900	0.028	
3	0.045	0.002			0.070	0.970		
4	0.028	0.001			0.026	0.997		
5	0.010	0.000			0.003	1.000		
总计		0.029	27.925	0.574[a]	1.000	1.000		

注：[a] 30 自由度。

　　表 5-10 为行变量各分类降维的信息，表中第二列质量表示行变量占各变量总和的百分比；第三列和第四列分别表示各变量在第一个和第二个因子上的因子载荷，是后期对应分析图中数据点的坐标值；第五列为惯量，为特征值；第六列和第七列分别为行变量各分类对第一个和第二个因子值差异的影响程度，可以看出，第四类累积沉降量分类（600～800 mm）对第一个因子值和第二个因子值的差异影响相对最大，分别达到 27.2%和 27.1%；第八列、第九列和第十列分别表示第一个和第二个因子对行变量各分类差异的解释程度，其中，第七类累积沉降量（45～200 mm）中第一个因子解释了 97.9%的差异，第二个因子解释了仅 0.11%的差异，第二类累积沉降量（1 000～1 200 mm）中第一个因子解释了 49.7%的差异，第二个因子解释了 47.3%的差异，两个因子共解释了 97%的差异信息。

表 5-10　概述行点

累积沉降量分类	质量	维度中的分数		惯量	贡献				
		1	2		点到维的惯量		维对点的惯量		
					1	2	1	2	总计
1	0.009	−1.054	−1.098	0.002	0.066	0.158	0.644	0.317	0.961
2	0.032	−0.688	−0.995	0.005	0.102	0.470	0.497	0.473	0.970
3	0.067	−0.589	−0.168	0.004	0.156	0.028	0.821	0.030	0.852
4	0.155	−0.510	0.343	0.008	0.272	0.271	0.783	0.161	0.944
5	0.316	−0.013	0.093	0.002	0.000	0.041	0.005	0.122	0.128
6	0.357	0.324	−0.067	0.006	0.254	0.024	0.931	0.018	0.949
7	0.065	0.584	−0.092	0.003	0.149	0.008	0.979	0.011	0.989
活动总计	1.000			0.029	1.000	1.000			

从图 5-3 中可以看出，土地利用类型 1（耕地）更倾向于发生在累积沉降量类型Ⅶ范围内，即研究区内耕地发生的地面沉降累积沉降量主要集中在 45～400 mm；土地利用类型 2～4 和 6 更容易发生在累积沉降量类型Ⅳ～Ⅴ中，即研究区内草地、林地、水域与湿地和一些未利用土地发生的累积沉降量主要分布在 400～800 mm；土地利用类型 5（建设用地）容易发生在累积沉降量类型Ⅰ～Ⅲ中，即研究区内建设用地发生的地面沉降累积沉降量主要集中在 800～1 357 mm。

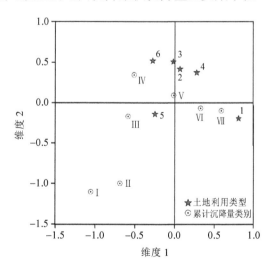

图 5-3　地面沉降累积沉降量与各土地利用类型二维对应图

　　进一步对在 SPSS 软件中得到的对应图进行整理编辑，首先在零点处加两条坐标线，其次从中心向地面沉降累积沉降量类型 I 的点上连线形成向量，再次从代表不同土地利用类型的点上在这条向量及向量延长线上作垂线，垂点越靠近向量正向表示二者之间的对应关系越明显，最后得到修饰后的对应图，如图 5-4 所示，依次类推，对剩下的代表 6 种地面沉降累积沉降量类型的点作同样处理，得到各种类别地面沉降累积沉降量类别与土地利用类型对应图，如图 5-5 所示。

　　从图 5-4 中可以看出，对地面沉降分布在 1 200～1 357 mm 的区域与不同土地利用类型区域对应关系强弱进行排序，依次为建设用地＞未利用土地＞林地＞草地＞耕地＞水域与湿地，其中与地面沉降累积沉降量类型 I（1 200～1 357 mm）对应关系最强的是土地利用类型 5（建设用地），表明研究区内土地利用类型为建设用地的区域发生的地面沉降累积沉降量主要集中在 1 200～1 357 mm，而最不容易发生地面沉降累积沉降量类型 I 的土地利用类型为水域与湿地，表明研究区内水域与湿地所在区域发生的地面沉降相比其他区域较轻微。

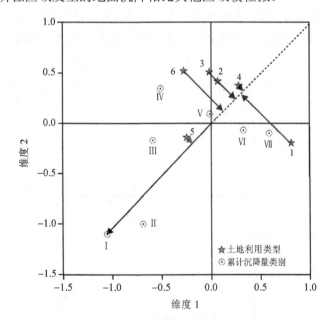

图 5-4　累积沉降量类型 I 与各土地利用类型二维对应图

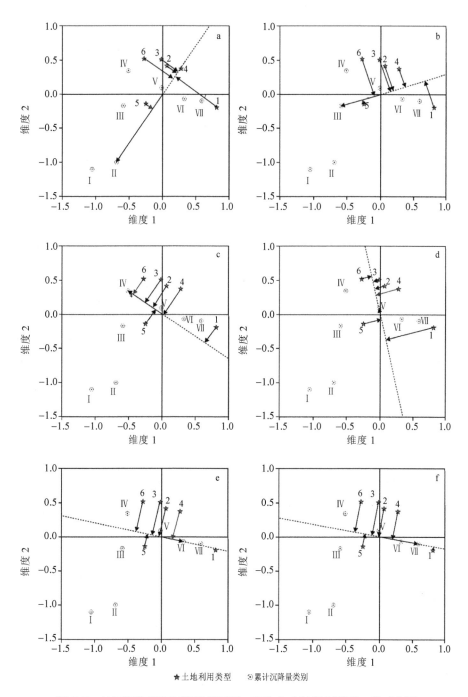

★土地利用类型　⊙累计沉降量类别

图 5-5　地面沉降累积沉降量类型 Ⅱ～Ⅶ 与各土地利用类型二维对应图

依次对图 5-5a～f 进行分析，从图 5-5a 中可以发现，不同土地利用类型与地面沉降累积沉降量类型Ⅱ（1 000～1 200 mm）对应关系强弱排序为建设用地＞未利用土地＞耕地＞草地＞林地＞水域与湿地，其中最强的是土地利用类型 5（建设用地），表明研究区内建设用地较容易发生的地面沉降量分布在 1 000～1 200 mm，相对而言，研究区内水域与湿地区域最不容易发生的地面沉降量为 1 000～1 200 mm。从图 5-5b 中可以看到，不同土地利用类型与地面沉降累积沉降量类型Ⅲ（800～1 000 mm）对应关系强弱排序为建设用地＞未利用土地＞林地＞草地＞水域与湿地＞耕地，同样，最强的是土地利用类型 5（建设用地），表明研究区内建设用地容易发生的地面沉降量分布在 800～1 000 mm；不同的是，相较而言，研究区内的耕地区域不容易发生的地面沉降量为 800～1 000 mm。从图 5-5 c 中发现，研究区内与地面沉降累积沉降量类型Ⅳ（600～800 mm）对应关系最强的是土地利用类型 6（未利用土地），表明研究区内未利用土地区域较容易发生的地面沉降量分布在 600～800 mm。不同土地利用类型与地面沉降累积沉降量类型Ⅳ的对应关系依次为未利用土地＞林地＞草地＞建设用地＞水域与湿地＞耕地。从图 5-5d 中可以看到，不同土地利用类型与地面沉降累积沉降量类型Ⅴ的对应关系依次为水域与湿地＞草地＞林地＞未利用土地＞建设用地＞耕地，表明研究区内水域与湿地区域较容易发生的地面沉降量分布在 400～600 mm，而研究区内耕地区域最不容易发生的地面沉降量为 400～600 mm。从图 5-5e 中可以看到，与地面沉降累积沉降量类型Ⅵ对应关系最强的是土地利用类型 4（水域与湿地），表明研究区内水域与湿地区域较容易发生的地面沉降量分布在 200～400 mm，而与地面沉降累积沉降量类型Ⅵ对应关系最弱的是土地利用类型 6（未利用土地），表明研究区内未利用土地区域最不容易发生的地面沉降量为 200～400 mm，对不同土地利用类型与地面沉降累积沉降量类型Ⅵ的对应关系强弱进行排序为水域与湿地＞耕地＞草地＞林地＞建设用地＞未利用土地。从图 5-5f 中可以看到，与地面沉降累积沉降量类型Ⅶ对应关系最强的是土地利用类型 1（耕地），表明研究区内耕地区域容易发生的地面沉降量分布在 200～450 mm，而与地面沉降累积沉降量类型Ⅶ对应关系最弱的同样是土地利用类型 6（未利用土地），表明研究区内未利用土地区域也不容易发生的地面沉降量为 45～200 mm，对不同土地利用类型与地面沉降累积沉降量类型Ⅶ的对应关系强弱进行排序为耕地＞水域与湿地＞草地＞林地＞

建设用地＞未利用土地。

　　总体而言，研究区内建设用地区域地面沉降最严重，并且该区域最容易发生的地面沉降量范围为 800～1 327 mm；研究区内未利用土地区域不容小觑，该区域最容易发生的地面沉降量范围集中在 600～800 mm；研究区内地面沉降较轻微的区域主要分布在土地利用类型为耕地的区域范围内，该区域最容易发生的地面沉降量范围为 45～200 mm，而不容易发生的地面沉降量范围为 400～1 000 mm。

5.3　小结

　　本章选取覆盖北京平原区的高分影像，选取面向对象分类方法对北京平原区不同土地利用类型区域进行划分，在此基础上，利用空间统计中的对应分析方法分析不同土地利用类型的地面沉降特征，主要结论如下：

　　（1）北京平原区中建设用地所占面积最大，达到 2 635.58 km²，SDFP 点数量达到 162 320 个；未利用土地所占的面积最小，仅为 67.37 km²，区域内仅有 1 342 个 SDFP 点。地面沉降严重区域内，建设用地所占面积最大，为 600.71 km²，SDFP 点数量达到 39 251 个；未利用土地的面积最小，仅有 7.10 km²，SDFP 点数量仅为 86 个。

　　（2）地面沉降量范围在 800～1 327 mm 的区域与建设用地区域对应关系最强，地面沉降量范围集中在 600～800 mm 的区域与未利用土地区域对应关系最强，表明研究区内建设用地和未利用土地区域地面沉降问题不容小觑，需重点关注；而研究区内地面沉降较轻微的区域主要分布在土地利用类型为耕地的区域范围内，该区域最容易发生的地面沉降量范围为 45～200 mm。

第6章   北京平原区地面沉降成因机理研究

6.1   地下水流场与地面沉降场响应特征分析

6.1.1   北京平原区地下水与地面沉降响应特征分析

　　研究结果表明，地下水超量开采是北京平原区发生地面沉降的主要原因。1990—2010 年，北京市遭遇了最长的连续枯水年，降水量基本低于多年平均降水量，虽然北京市建设了多个水源地，加大外地调水，但是并没有满足城市供水需求，北京城市供水中 2/3 仍来自地下水，导致北京地下水一直处于严重超采的状态。

　　长期超量开采地下水形成了地下水降落漏斗，为进一步分析地下水降落漏斗与地面沉降空间分布特征，研究选取 2010 年北京平原区主要开采层地下水降落漏斗范围与 2003—2015 年累积沉降分布叠加，如图 6-1 所示，其中地下水降落漏斗面积为 1 286 km²，主要分布在朝阳区、顺义区及平谷区，这些区域均为地面沉降较严重的区域，但地下水降落漏斗空间分布位置与地面沉降空间分布位置并没有完全重合，分析原因可能是近年来北京平原区地下水开采已经从浅层水逐步扩展到深层水，开采层位的变化必然会导致不同含水层水位发生变化，为进一步分析不同含水层地下水降落漏斗与地面沉降空间分布特征，选取 2012 年 4 个含水层地下水降落漏斗与 2003—2012 年地面沉降累积沉降进行叠加分析，如图 6-2 所示。

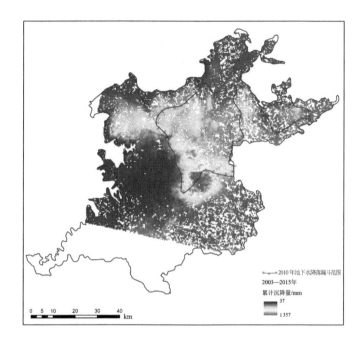

图 6-1　2010 年研究区地下水降落漏斗与地面沉降分布

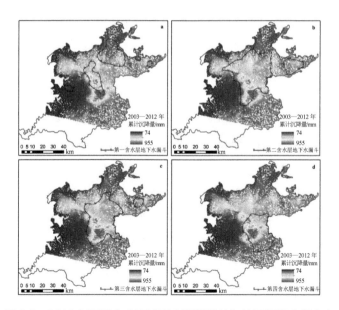

图 6-2　2012 年不同含水层地下水降落漏斗与地面沉降空间分布

北京市第四系孔隙含水层中包含 3 个主要含水层组、4 个监测层位，分别为底板埋深 50 m 的潜水含水层，为图 6-2a 中的第一含水层；顶底板埋深 50～100 m 深的浅层承压水，也称第一承压含水层，为图 6-2b 中的第二含水层；顶底板埋深为 100～180 m 的第二承压含水层，也称中深层承压含水层，为图 6-2 c 中的第三含水层；顶底板埋深为 180～300 m 的第三承压含水层，也称深层承压水，为图 6-2 d 中的第四含水层。从图 6-2 中可以看到，第一含水层组地下水降落漏斗主要分布在平原区的北部和中部，并且在北部和西北部有较小的地下水降落漏斗；第二含水层和第三含水层地下水降落漏斗主要分布在平原区中部和西北部；第四含水层地下水降落漏斗主要分布在平原区东南部；其中与地面沉降分布范围空间位置基本吻合的是第二含水层和第三含水层地下水降落漏斗范围，该层水对应的为中深层承压含水层和深层承压含水层，是目前北京平原区地下水开采的主要层位，并且该层含水层对应的压缩层组为位于底板埋深小于 300 m 的第二压缩层组，该压缩层组中岩性主要为黏性土、砂和砾石，是地面沉降的主要贡献层。

进一步根据 2004—2015 年《北京市水资源公报》绘制北京平原区地下水水位等值线（图 6-3）。地下水水位较低的区域正是地面沉降发生较严重的区域，主要分布在北京平原区北部的顺义区、东部的朝阳区及通州区和西北部的昌平区。其中，西北部昌平区沙河区域从 2004 年开始地下水水位一直处于下降趋势，地面沉降同样处于加重趋势，总体而言，地下水流场变化趋势与地面沉降场响应特征在空间上呈现一致性。具体而言，2005 年，北京平原区地下水水位最低值已经在 −10 m 以下；2006 年，地下水水位有所抬升，最低值小于−5 m，但大于−10 m；2007 年，水位继续下降，最低值在−10 m 以下；2008 年，地下水水位有所抬升，最低值情况与 2006 年相同；2009 年，地下水水位剧烈下降，出现两个低于−10 m 的地下水漏斗中心；2010 年，地下水水位进一步下降，出现 3 个低于−10 m 的地下水漏斗中心；2011 年，低于−10 m 的 3 个地下水漏斗中心向东北移动，大小几乎不变；2012 年，地下水水位进一步下降，最低值小于−15 m 的地下水漏斗中心出现两个，小于−10 m 的地下水漏斗中心出现 4 个；2013 年，水位漏斗最低值下降到−20 m 以下；2014 年，地下水水位进一步下降，小于−20 m 水位漏斗面积扩大；2015 年，地下水水位变化不大。

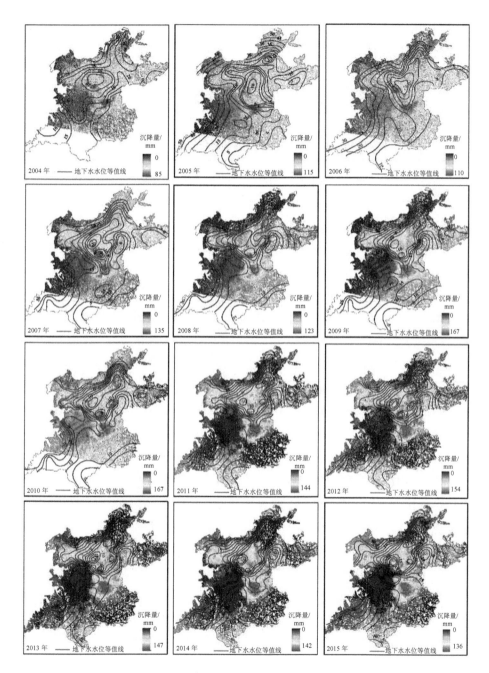

图 6-3　2004—2015 年地下水水位等值线与地面沉降时序分布

　　将开采层地下水水位等值线构建 TIN，结合 InSAR 地面沉降年累积沉降量进行综合空间相关性分析。选取水位标高以 5 m 尺度为界线，由此可以得到"南水"进京前后时序的地下水水位漏斗，结合地面沉降漏斗，汇总数据如表 6-1 所示，可以看到，不同年份地面沉降与地下水水位漏斗存在差异性。

表 6-1　2005—2016 年地面沉降漏斗面积与地下水水位漏斗情况

年份	年最大沉降量/mm	地面沉降漏斗面积/km^2	地下水水位漏斗面积/km^2
2005	−105.98	183.01	335.82
2006	−102.53	251.61	70.00
2007	−130.10	353.77	165.03
2008	−123.90	349.43	158.68
2009	−151.12	583.14	366.60
2010	−156.86	834.66	398.64
2011	−144.99	834.19	473.47
2012	−145.13	697.50	488.05
2013	−147.27	600.70	485.36
2014	−140.13	691.52	543.35
2015	−135.93	617.24	558.46
2016	−133.18	514.51	526.55

　　（1）年最大沉降量

　　2005—2016 年，年沉降量最大值为 2010 年，沉降量为 156.86 mm，相较于 2005 年 105.98 mm 的沉降量，两者相差 50.88 mm，说明在研究时间段内，年沉降差异大。

　　（2）地面沉降漏斗面积与地下水水位漏斗面积对比分析

　　根据表 6-1 的数据，绘制图 6-4 的地面沉降漏斗与地下水水位漏斗面积对比，可以看出，在整个时间段内，总体上地面沉降漏斗面积与地下水水位漏斗面积变化趋势是相似的。2006—2010 年，地面沉降漏斗面积与地下水水位漏斗面积均在增加。2014 年年末，"南水"正式进京后，地面沉降漏斗面积与地下水水位漏斗面积均在下降，2016 年，地面沉降漏斗面积与地下水水位漏斗面积分别为 514.51 km^2 和 526.55 km^2。

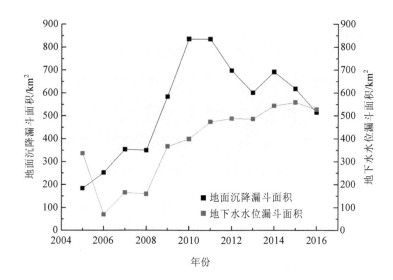

图 6-4 2005—2016 年研究区地面沉降漏斗与地下水水位漏斗面积对比

　　为了进一步探究地面沉降漏斗与地下水水位漏斗的演化规律，绘制图 6-5～图 6-8，分别显示了北京平原区 2005—2016 年开采层地下水水位漏斗与地面沉降漏斗分布情况。由图 6-5a 的地下水水位漏斗可以看出，2005 年，北京市平原区地下水水位漏斗中心在朝阳区、顺义区与通州区的交界处，由图 6-5b 可以看出，50 mm 地面沉降漏斗主要在朝阳区，少部分在通州区，说明地下水水位漏斗与地面沉降漏斗分布存在一定的一致性；2006 年，地下水水位有所上升（图 6-5c），−5 mm 地下水水位漏斗区域减少，且主要在朝阳区与顺义区的交界处。地面沉降漏斗主要在朝阳区（图 6-5d），少部分在通州区；2007 年，地下水水位漏斗一分为二，有向西转移的趋势，部分地下水水位漏斗分布在昌平区（图 6-5e）。

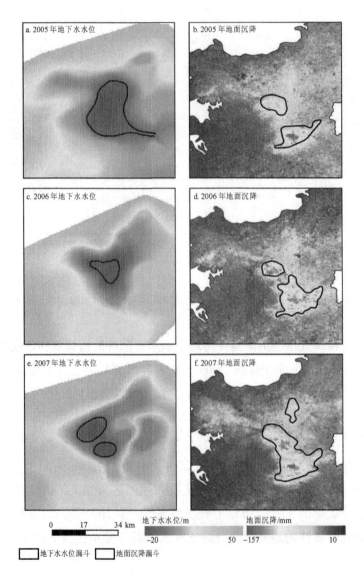

图 6-5　2005—2007 年研究区地下水水位漏斗与地面沉降漏斗分布

　　如图 6-6 所示，2008 年地下水水位漏斗变化不大，地面沉降漏斗向西北延伸。
2009 年地下水水位漏斗逐渐下降，区域快速扩大，较 2008 年地面沉降漏斗面积
增加 207.92 km^2，是上一年地下水水位漏斗面积的 2 倍，主要分布在顺义区，少

部分在朝阳区和昌平区,极少部分位于通州区。地面沉降漏斗也逐渐扩大,继续向昌平区、顺义区扩散,说明地下水水位漏斗的变化对地面沉降漏斗有一定影响。2010 年,地下水水位漏斗继续扩大,向东北延伸,少部分漏斗扩展至密云区与怀柔区。地面沉降加剧,昌平区和顺义区的沉降漏斗合二为一。

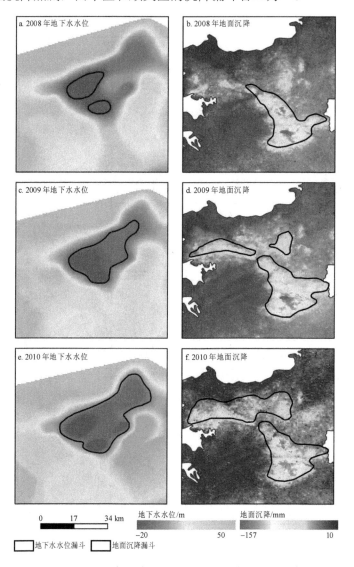

图 6-6　2008—2010 年研究区地下水水位漏斗与地面沉降漏斗分布

　　如图 6-7 所示，2011 年，地下水水位漏斗范围增加较少，地面沉降漏斗范围变化不大；2012 年，地下水水位漏斗区域面积减小，可能与该年降水增多有一定关系，地面沉降漏斗分散，范围减小；2013 年，分散的地下水水位漏斗合为一体，地面沉降漏斗面积逐渐减小，除与降水量增多有关外，还与地下水开采逐年减少有一定的关系。

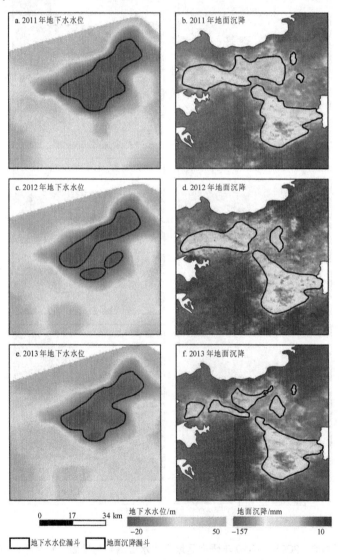

图 6-7　2011—2013 年研究区地下水水位漏斗与地面沉降漏斗分布

如图 6-8 所示，2014—2016 年，地下水水位漏斗面积与 2013 年相比基本维持不变，主要分布在顺义区，少部分分布在朝阳区、昌平区、怀柔区及密云区，地面沉降漏斗范围也逐渐减小。由此可见，南水北调中线工程对北京市的地面沉降防治是有效的。地下水水位漏斗面积目前维持不变，地面沉降年沉降量逐渐减小，地面沉降漏斗面积和体积都在减小。

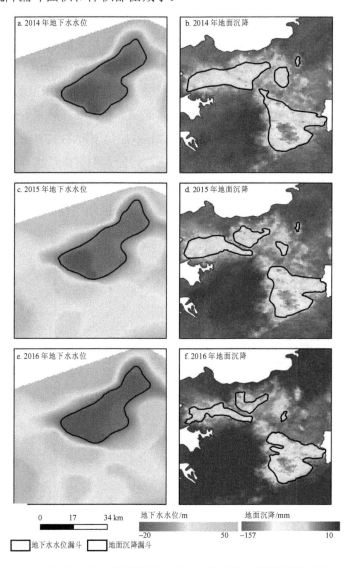

图 6-8　2014—2016 年研究区地下水水位漏斗与地面沉降漏斗分布

6.1.2　不同土地利用类型区域地面沉降与地下水响应特征研究

　　为研究不同土地利用类型区域内地下水水位地面沉降的响应关系，本研究选取各土地利用类型区域中的一个地下水水位监测井，与 2003—2015 年各区域内地面沉降累积沉降量进行相关分析。由于地下水水位监测数据的局限性，本研究选取 2003—2013 年地下水水位监测信息（建设用地区域内选取的地下水水位信息为2011—2015 年）。

　　耕地区域内选取的地下水水位监测井主要包含两个监测层位的信息，分别为潜水含水层和第二承压含水层。从图 6-9 中可以看出，2003—2013 年，潜水含水层水位和第二承压含水层水位总体均呈下降趋势，其中潜水含水层水位从 2003 年的 45.26 m 下降到 2013 年的 44.27 m，总体下降了 0.99 m，第二承压含水层水位从 2003 年的 14.97 m 下降到 2013 年的 2.27 m，总体下降了 12.7 m（图 6-9）。进一步将潜水水位变化和第二承压水水位变化与地面累积沉降量进行相关分析，结果发现，研究区内第二承压水水位动态变化与地面沉降累积沉降量的相关系数为0.910，大于潜水水位动态变化与地面沉降累积沉降的相关性（P=0.512）。

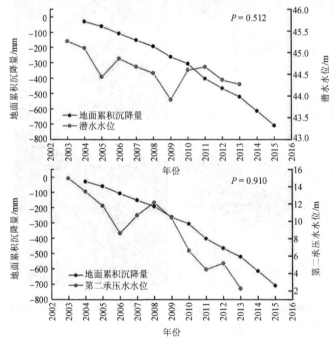

图 6-9　2002—2016 年研究区耕地区域地下水水位动态变化与地面累积沉降结果对比

　　林地区域内选取的地下水水位监测井主要包含 4 个监测层位，分别为潜水水位和第一、第二、第三承压水水位。从图 6-10 中可以看到，2003—2013 年，潜水水位波动较剧烈，与地面累积沉降量的相关系数仅为 0.117，其中在 2007—2008 年和 2009—2011 年，地下水水位呈明显上升趋势，分析原因为北京平原区降水量明显增加，而潜水水位受降水量变化影响波动明显，降水量的增加对地表潜水水位进行补给，使潜水水位在时间区间内呈上升趋势。而在 2003—2013 年，承压水水位基本呈下降趋势，其中，第一承压水水位从 2003 年的–4.83 m 下降到 2013 年的–17.57 m，总体下降了 12.74 m；第二承压水水位从 2003 年的–1.64 m 下降到 2013 年的–12.3 m，总体下降了 10.66 m；第三承压水水位从 2003 年的–4.33 m 下降到 2013 年的–16.22 m，总体下降了 11.89 m（图 6-10）。分析地面累积沉降量和承压水水位相关性发现，相关性最大的是第一承压水，相关系数达到了 0.900；其次为第三承压水，相关系数为 0.846；相关性最小的是第二承压水，相关系数为 0.483。

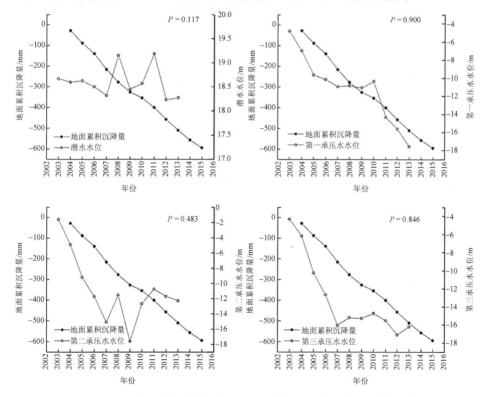

图 6-10　2002—2016 年研究区林地区域地下水水位动态变化与地面累积沉降结果对比

在草地区域内选取一个地下水水位监测井，仅获取到该监测第二承压水水位信息，从图 6-11 中可以看到，地下水水位在 2003—2013 年整体呈下降趋势，从 2003 年的-15.21 m 下降到 2013 年的-12.06 m，总体下降了 3.15 m，其中 2003—2004 年和 2007—2008 年地下水水位有明显上升趋势。进一步分析地下水水位和地面累积沉降量相关性发现，第二承压水水位与地面沉降累积沉降量的相关系数达到了 0.911。

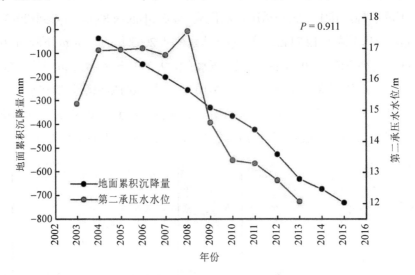

图 6-11　2002—2016 年研究区草地区域地下水水位动态变化与地面累积沉降结果对比

选取王四营地下水水位监测井数据分析建设用地区域地下水水位与地面沉降响应关系。该监测井包含 3 个监测层位，时间跨度为 2011—2015 年。从图 6-12 中可以看出，潜水水位在 2011—2014 年呈持续下降趋势，水位从 20.84 m 下降到 19.54 m，而 2014—2015 年水位呈上升趋势，从 19.54 m 上升到 19.68 m，总体上地下水水位下降了 1.16 m；而第一承压水和第二承压水在 2011—2015 年均呈下降趋势，地下水水位分别从 2011 年的-4.68 m 和-18.2 m 下降到 2015 年的-7.41 m 和-23.91 m，总体上看，地下水水位分别下降了 2.73 m 和 5.71 m；进一步分析地下水水位和地面累积沉降量的相关关系发现，与地面累积沉降量相关关系最强的是第二承压水水位，相关系数为 0.988，其次为潜水水位，相关系数为 0.927。

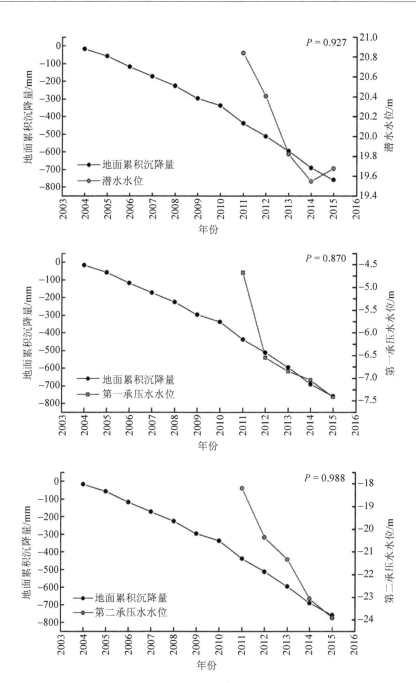

图 6-12　2003—2016 年研究区建设用地区域地下水水位动态变化与地面累积沉降结果对比

　　选取未利用土地区域附近地下水水位监测井，该监测井包含 3 个监测层位，分别为潜水水位、第一承压水水位和第三承压水水位信息。从图 6-13 中可以看出，潜水水位和第一承压水水位 2003—2013 年变化明显，其中潜水水位变化同林地区域内潜水水位变化相似，同样受降水量增加影响，在 2007—2008 年和 2009—2011 年，地下水水位呈明显上升趋势，总体来看，潜水水位从 2003 年的 13.09 m 下降到 2013 年的 12.8 m，共下降了 0.29 m；第一承压水水位在 2007—2008 年呈上升趋势，从 2008 年开始，地下水水位呈下降趋势，而从 2010 年开始，地下水水位继续呈上升趋势，可以发现，第一承压水对降水的补给产生了滞后，该层位水位从 2003 年的 2.9 m 下降到 2013 年的 2.56 m，总体下降了 0.34 m；第三承压水水位从 2003 年开始呈明显下降趋势，地下水水位从-3.92 m 下降到-30.06 m，总体下降了 26.14 m；进一步分析地下水水位与地面累积沉降量相关关系发现，潜水水位和第一承压水水位与地面累积沉降量呈负相关关系，第三承压水水位与地面累积沉降量呈正相关关系，相关系数达到了 0.979，表明该区域地面沉降与第三承压水响应关系最强。

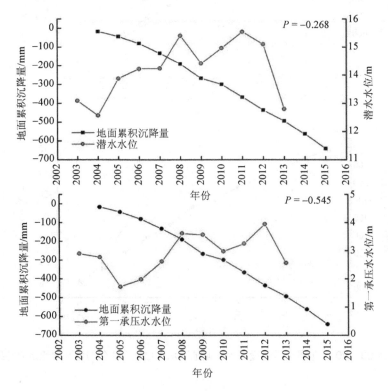

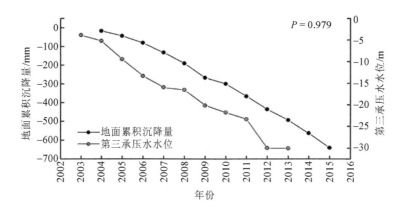

图 6-13　2002—2016 年研究区未利用土地区域地下水水位动态变化与地面累积沉降结果对比

　　分析不同土地利用类型区域内地下水水位与地面沉降的响应关系,总体而言,在 5 种土地利用类型区域内,潜水水位变化与地面沉降响应关系要明显弱于承压水水位变化与地面沉降的响应关系,也就是说,承压水水位的变化对地面沉降的影响较大,要缓解地面沉降可以从减采承压水入手。

6.2　基于数据场的动载荷与地面沉降的响应关系分析

6.2.1　数据场的概念与性质

　　1837 年,英国物理学家法拉第首次提出“场”的概念,他认为,物体间的非接触相互作用的发生,都必须通过某种中间媒介质的传递来实现,而这种传递相互作用的媒介质就形成了场,如万有引力、带电体间的静电力和磁铁间的磁力作用等。随着场论思想的发展,大家逐渐将数据场抽象为一个数学概念,将其定义为:如果空间 Ω 中的每个点都对应某个物理量或者数学函数的一个确定的值,则称在 Ω 上确定了该物理量或者数学函数的一个场。从上述定义可以看出,场是用来描述某物理量或者数学函数在空间内的分布规律的。场分为标量场和向量场,其中,标量场是指所讨论的物理量或者数学函数在空间不同点上仅是数量上的区别,如温度场、密度场和电势场;而如果所讨论的物理量或者数学函数在空间不同点上不仅有数量上的区别，而且带有方向性，那么此时对应的场称为向量场。

在数域空间中，每个数据都对整个数域空间辐射它的数据能量，来显示其在空间数据挖掘中的存在和作用，从而形成了数据场。数据场要求独立性，每个数据在辐射数据能量的过程中都以自己为中心，向外独立辐射能量，它的特性不会因为其他数据的存在而有任何改变。数据场要求就近性，所有既向外辐射能量，又接受所有其他样本数据的数据能量点的数据能量必然大于只接受所有样本数据的数据能量的点，例如，在地面沉降监测中，数据能量来自 PS 点，在有 PS 点的区域数据能量一定大于没有 PS 点监测的区域。数据辐射在数据场中要求遍历性，数据辐射将数据能量从样本空间辐射到整个母体空间，在数据场中，母体数域空间的每个未观测点，都接受来自该数据的数据能量。在数据辐射进行叠加时，遵循矢量合成的平行四边形法则，每个空间数据辐射的数据能量在母体空间相遇后，同向辐射能量叠加增强，异向辐射能量抵消减弱。数据场要求衰减性，数据辐射在母体空间中时，随距离增加呈衰减状态，当超过一定的距离，样本辐射的数据能量就微弱到可以省略的程度，衰减性建立在数据场的遍历性和就近性基础之上。数据场要求各向同性，每个观测数据点在其周围的各个方向上均匀辐射的都是数据本身具备的数据能量，数据能量代表了这个数据对某个空间数据挖掘任务的贡献，具有相同的性质。

6.2.2 数据场势函数

数据场是数据经过辐射而形成的，它是一种描述和计算每一个数据对整个数域空间的作用的虚拟空间场，利用场强函数描述数据在空间辐射能量的规律，度量数据在数据场中不同位置的场强。数据发射其能量的形式和特性的不同，导致描述数据场的场强函数不同，在数据辐射过程中，数据场是数据的内在本质，而势场是其外在表现形式，数据场的特性对势场的特性起决定性作用，势场的形态特征反映数据场的空间特征，所以，通过势场可以发掘数据场的规律，数据场主要受数据辐射半径、数据辐射亮度、辐射的影响因子、数据数量以及这些因素的综合作用，其中影响因子的取值决定数据场势函数的光滑程度和势的大小，如果影响因子过小，那么各个数据点之间的影响基本没有体现，不呈现抱团特性；如果影响因子过大，那么数据场中势值相差很小，势心很少，不利于空间数据的局部分类。

数据场的场强函数通常描述的是单一数据的数据场分布特征，但是，在空间数据挖掘中，研究的是大量的空间数据，更为注重多个空间对象在一个或多个属性数据值中体现出来的空间规律。在数域空间中，每一个样本数据对母体空间中的任何一个样本都有贡献，每个样本点的数据场都是它接受的所有样本数据的数据场的叠加，任何一个样本数据点的数据场场强都是这些数据场在该样本点的代数和。各个样本数据都独立向外辐射数据能量时，在数域空间中的一点所引起的数据能量之和，称为此处数据场的势（Potential）。数据场的势可以度量数据场中某个样本点所受数据辐射能量总和的强弱，它不仅是全部样本数据的数据场在该样本点的数据能量强度之和，也是该点所接受的所有数据辐射来的数据能量的总和。已知数据空间 $\Omega \subseteq R^p$ 中，数据集合 $D = \{x_1, x_2, x_3, \cdots, x_n\}$ 中的各数据对象 $x_i (i = 1, 2, \cdots, n)$ 均具有一定辐射亮度的场源点，且按照拟核场辐射的方式向空间中其他位置 $x(x \in \Omega)$ 辐射能量，则数据场中该位置处的势值为所有场源点的作用之和，可表示为

$$\varphi(x) = \sum_{i=1}^{n} m_i \times \frac{1}{\sigma} K\left(\frac{x - X_i}{\sigma}\right) \tag{6-1}$$

式中，$K(x)$ 为单位势函数；σ 为影响因子，它决定对象间的相互作用的有效范围；$m_i (m_i \geqslant 0)$ 为对象 X_i 的质量，假设满足归一化条件，即有 $\sum_{i=1}^{n} m_i = 1$。在大部分数据中，所有数据对象的质量可以认为是相同的，即所有数据在能量辐射上的地位是等同的，势场的分布成为空间位置的标量函数，由此可以推出势函数公式：

$$\varphi(x) = \frac{1}{n\sigma} \sum_{i=1}^{n} K\left(\frac{x - X_i}{\sigma}\right) \tag{6-2}$$

在本研究中，根据物理学中稳定有源场的势函数性质，即稳定有源场的势函数是一个关于场点空间位置的单值函数，具有各向同性，即空间任意一个数据点的势值大小与代表场远强度的参数成正比关系，与该数据点到场源距离呈递减关系，可以得到数据场势函数形态的基本准则：给定空间 Ω 中的数据对象 x，$\forall y \in \Omega$，记对象 x 在点 y 处产生的势值为 $\varphi_x(y)$，则 $\varphi_x(y)$ 必须同时满足：

（1）$\varphi_x(y)$ 是定义在空间 Ω 上的连续、光滑、有限函数；

（2）$\varphi_x(y)$ 具有各向同性；

（3）$\varphi_x(y)$ 是距离 $\|x - y\|$ 上的单值递减函数，当 $\|x - y\| = 0$ 时，$\varphi_x(y)$ 达到了最大值，但并不是无穷大，当 $\|x - y\| \to \infty$ 时，$\varphi_x(y) \to 0$。

对式（6-2）进一步整理，给定空间 $\Omega \subseteq R^P$ 中包含 n 个样本的数据集合 $D = \{x_1, x_2, x_3, \cdots, x_n\}$ 以及它产生的数据场，其中，空间任意一个点 $x \in \Omega$ 的势值可以表示为

$$\varphi(x) = \varphi_D(x) = \sum_{i=1}^{n} \varphi_i(x) = \sum_{i=1}^{n} e^{-\left(\frac{\|x - x_i\|}{\sigma}\right)^2} \tag{6-3}$$

式中，$\|x - x_i\|$ 为对象 x_i 与场点 x 间的距离，通常采用欧氏距离，在本研究中，对象 x_i 是路网节点，x 为 InSAR 技术获得的 PS 点。

6.2.3　场函数中影响因子的优选

对于给定的某一个势函数，影响因子 σ 的取值必然会影响数据场的分布形态，当 σ 值较小时，数据点之间的相互作用力程很短，各个数据点周围的势值都比较小；相反，当 σ 值很大时，数据点之间的相互作用比较强，各个数据点对周围数据点的影响很大，有很大的势值。显然，合适的 σ 值下的势场分布才对后期研究有意义。

本研究引入势熵的概念来描述势场分布的合理性，在信息论中，香农熵用来度量系统的不确定性，熵值越大，不确定性就越大，对于 n 个数据对象产生的数据场来讲，若每个数据对象的势值均相等，那么原始数据对象分布的不确定性达到最大，这时具有最大的香农熵；相反，若数据对象的势值呈现不对称形态，那么此时的不确定性达到最小，香农熵为最小值。

假设数据对象 $x_1, x_2, x_3, \cdots, x_n$ 的势值 $\Psi_1, \Psi_2, \Psi_3, \cdots, \Psi_n$，势熵定义为

$$H = -\sum_{i=1}^{n} \frac{\Psi_i}{Z} \ln\left(\frac{\Psi_i}{Z}\right) \tag{6-4}$$

式中，$Z = \sum_{i=1}^{n} \Psi_i$ 是一个标准化因子。势熵的性质满足 $0 \leq H \leq \ln(n)$，如果 $H = \ln(n)$，此时 $\Psi_1 = \Psi_2 = \cdots = \Psi_n$，表示所有数据对象在空间位置中的势值相等，并具有最大的势熵。

本研究选用黄金分割方法，初始搜索范围为 $\left[\dfrac{\sqrt{2}}{3}\min_{i\neq j}\left\|x_i-x_j\right\|,\dfrac{\sqrt{2}}{3}\max_{i\neq j}\left\|x_i-x_j\right\|\right]$，此方法的思想属于一种简单试探法，通过选择试探点和对函数值进行比较，使得包含极小点的搜索区间逐渐减小，直到获取满足精度要求的函数极小点。通过此方法获取的最优 σ 值，可以得到最小熵的势值场分布，此时道路动载荷表现得最完整，使下一步分析动载荷与地面沉降的响应关系更加准确。最优 σ 影响因子算法如表 6-2 所示。

表 6-2　最优 σ 影响因子算法

输入：地铁及道路节点地理坐标（RN）、PS 点地理坐标（PS）
输出：最优 σ 影响因子
A = PS ；
B = RN ；
for　$\mathrm{tp}_1 = 1 : \mathrm{size}(B, 2)$
　　　$X_1(\mathrm{tp}_1, :) = A(1, :) - B(1, \mathrm{tp}_1)$ ；
　　　$Y_1(\mathrm{tp}_1, :) = A(2, :) - B(2, \mathrm{tp}_1)$ ；
End
R=sqrt$\left(X_1^2 + Y_1^2\right)$ ；
$F = e^{-\left(\frac{R}{\sigma}\right)^2}$ ；
$\mathrm{Minval} = \left(\min\left(R_1(:)\right)\right)$ ，　$\mathrm{Maxval} = \left(\max\left(R_1(:)\right)\right)$ ；
$a = \dfrac{\sqrt{2}}{3} * \mathrm{Minval}$ ，　$b = \dfrac{\sqrt{2}}{3} * \mathrm{Maxval}$ ，　$\mathrm{precision} = 0.1$ ；
$\sigma_1 = a + (1-\tau)*(b-a)$ ，　$\sigma_r = a + \tau(b-a)$ ，　$\tau = \dfrac{\sqrt{5}-1}{2}$ ；
$H_1 = H(\sigma_1)$ ，　$H_r = H(\sigma_r)$ ；
While$\left((b-a) > \mathrm{precision}\right)$
If　$H_1 < H_r$ ，　$b = \sigma_r$ ，　$\sigma_r = \sigma_1$ ，　$H_r = H_1$ ；
求 $\sigma_1 = a + (1-\tau)*(b-a)$ ，　$H_1 = H(\sigma_1)$ ；
Else，　$a = \sigma_r$ ，　$\sigma_1 = \sigma_r$ ，　$H_1 = H_r$ ；
求 $\sigma_r = a + \tau(b-a)$ ，　$H_r = H(\sigma_r)$ ；
End
If　$H_1 < H_r$ ，　$\sigma = \sigma_1$ ；　Else，　$\sigma = \sigma_r$

6.2.4 数据场视图生成

随着城市建设的快速发展，城市浅表层空间开发利用，除地下水超采外，地面载荷加重也是北京平原区地表下陷的重要因素，如城市发展过程中的钢筋混凝土静载荷、立体交通网络形成的动载荷等的急剧变化，都进一步加剧了地面沉降程度，严重威胁着城市安全。构建北京平原区交通路网，从数据挖掘视角发现道路载荷、地铁载荷与沉降监测信息的关系，把地表交通载荷作为一种循环动载荷信息传递到地基上，分别建立相干点坐标信息与交通路网节点坐标信息的桥梁，获取交通路网节点对相干点的力程势值，作为评价动载荷的指标。

图 6-14 为北京平原区交通线分布情况，其中包含地铁线、高速公路、环城快速路和市区道路。根据北京市交通管理局网站公布的北京市实时交通路况信息，通过观察每两分钟更新一次的道路通行状况，发现一般黄色缓行和红色拥堵的路段通常发生于高速公路以及一、二级公路交点处。本研究筛选地铁线、高速公路和环城高速作为最终的路网数据，将所有路网数据合并成同一图层，得到北京市交通道路网数据。在道路网数据的处理中，使用道路交点离散线状要素，提取线状网络数据集中交会点图层，作为离散道路的点数据，提取其中节点作为数据场扩散的样本数据。

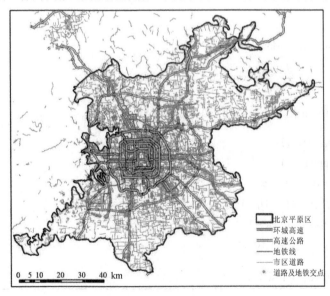

图 6-14 研究区交通线分布情况

　　选取路网节点作为场源点，统计每个道路节点的坐标信息，结合前文利用 InSAR 技术获取的 SDFP 点坐标信息，计算各个道路节点与 SDFP 点的势值，生成数据势场图，基于上述最优影响因子算法得到的参数对数据场进行扩散。应用 MATLAB 软件对选取的路网节点进行数据场扩散，构建数据场模型，其中 σ 设置为 1 043.3，等势间距设置为 50，算法如表 6-3 所示，得到路网节点数据场势图，如图 6-15 所示。

表 6-3　研究区交通路网数据场模型算法

```
输入：地铁及道路节点地理坐标（RN）、PS 点地理坐标（PS）
输出：路网数据场场势值
A=PS;
B= RN;
for tp1=1:size(B,2)
X1(tp1,:)=A(1,:)-B(1,tp1);
Y1(tp1,:)=A(2,:)-B(2,tp1);
End
R=sqrt(X1.^2+Y1.^2);//遍历计算两组坐标的距离;
F=mean(exp(-（R./σ）.^k),2);//势函数公式计算;
x=psorigin(:,1);
y=psorigin(:,2);
xi=linspace(min(x),max(x),3000);
yi=linspace(max(y),min(y),3000);
xi,yi=meshgrid(xi,yi);//网格化 x，y;
zi=griddata(x,y,F1,xi,yi,'cubic');  //网格化 z;
contour(xi,yi,zi,n)
```

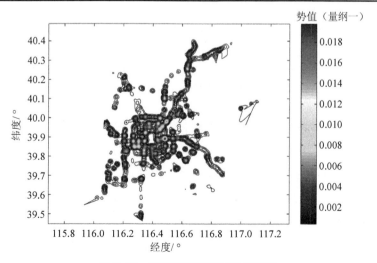

图 6-15　研究区交通路网数据场势

6.3 基于遥感建设用地指数的静载荷与地面沉降的响应关系分析

研究发现，北京地面沉降发生的主要外因是地下水的超量开采。而随着城市建设的快速发展，除地下水的超量开采和地上地下交通的动载荷对地面沉降的影响之外，城市建设带来的载荷的增加也在一定程度上对地面沉降的发生产生影响。目前，常用的提取城市建设用地信息的方法主要分为 3 类：基于分类技术的建设用地信息提取；基于谱间分析和逻辑树判别的建设用地信息；基于建筑专题指数提取用地信息。本研究选取第三种方法提取北京平原区建设用地指数情况。

6.3.1 基于指数的建设用地指数（Index-based Built-up Index，IBI）

在土地利用类型中，城市建设用地主要由其次一级的土地利用类型区域构成，使建设用地成为一种极其复杂的土地利用类型，而构成组分的复杂性导致其电磁波的反射光谱产生异质性，传统利用原始多光谱波段提取建设用地不能达到理想的精度要求。徐涵秋等在 2006 年提出一种新的建设用地指数，在保证精度的基础上，能够直接参与其他相关参数的相关性研究中，该方法考虑建设用地光谱性质的复杂性，基于土壤调节植被指数（SAVI）、修正的归一化水体指数（MNDWI）、归一化建设指数（NDBI）3 个遥感指数构成。其中土壤调节植被指数是 Huete 于 1988 年提出的，是基于植被指数 NDVI 和大量观测数据提出的，用于减小土壤的背景影响，计算公式如下：

$$SAVI = [(NIR - RED)(1 + L)] / (NIR + RED + 1) \quad (6-5)$$

式中，NIR 为近红外波段；RED 为短红外波段；L 为土壤调节因子，取值范围为 0～1，当区域内没有植被覆盖时为 1，当区域内植被覆盖密度很高时为 0。Huete 指出 L 为 0.5 时，可以很好地减弱土壤的背景差异，本研究计算时将 L 设置为 0.5。徐涵秋于 2005 年提出修正的归一化水体指数，它是基于 Mcfeeters 提出的归一化差异水体指数（NDWI）提出的，计算公式如下：

$$MNDWI = (GREEN - MIR) / (GREEN + MIR) \quad (6-6)$$

式中，GREEN 为绿波段；MIR 为中红外波段。归一化建设指数，最早由杨山于

2000 年提出，后在 2003 年被查勇称为仿植被归一化，它主要是在多光谱波段中，选取所提取地物的最强反射波段和最弱反射波段，再进行比值运算时，弱者作为分母，强者作为分子，比值之后扩大了二者之间的差距，使地物在生成影像上的亮度有明显增强现象，此时，其他背景的地物会受到普遍的抑制，计算公式如下：

$$NDBI=(SWIR - NIR) - (SWIR+NIR) \tag{6-7}$$

式中，SWIR 代表短红外波段。基于上述 3 个指数波段构成影像的光谱特征，发现建设用地具有 NDBI 波段同时大于 SAVI 波段和 MNDWI 波段的唯一特征，基于这一特征，构建 IBI 建设指数，计算公式如下：

$$IBI = \left[NDBI - (SAVI + MNDWI)/2\right]/\left[NDBI + (MNDWI)/2\right] \tag{6-8}$$

6.3.2　IBI 提取

本研究选取 2003—2015 年 12 景覆盖北京平原区的 Landsat 影像，其中包含 9 景 Landsat 5 TM 和 3 景 Landsat 8 OLI_TIRS，遥感影像基本信息如表 6-4 所示。

表 6-4　Landsat 影像基本信息

序号	数据源	获取时间	包含波段	分辨率/m
1	Landsat 5 TM	2003-10-24	Band 1-7	30
2	Landsat 5 TM	2004-09-08	Band 1-7	30
3	Landsat 5 TM	2005-05-06	Band 1-7	30
4	Landsat 5 TM	2006-04-07	Band 1-7	30
5	Landsat 5 TM	2007-05-28	Band 1-7	30
6	Landsat 5 TM	2008-04-28	Band 1-7	30
7	Landsat 5 TM	2009-10-24	Band 1-7	30
8	Landsat 5 TM	2010-06-05	Band 1-7	30
9	Landsat 5 TM	2011-06-08	Band 1-7	30
10	Landsat 8 OLI_TIRS	2013-05-12	Band 1-10	30
11	Landsat 8 OLI_TIRS	2014-05-15	Band 1-10	30
12	Landsat 8 OLI_TIRS	2015-05-18	Band 1-10	30

　　首先，对遥感影像进行辐射校正，去除传感器本身产生的误差和在信号传播过程中大气、太阳高度角和地形等对影像产生的误差影响；其次，选取 ERDAS 中的 Model Maker 模块分别创建土壤调节植被指数（SAVI）、修正的归一化水体指数（MNDWI）和归一化建设指数（NDBI）提取模型；最后，利用提取到的 3 个指数模型构建提取 IBI 指数模型，各波段特征情况如表 6-5 所示，利用该方法，将建设用地信息更精确地提取出来，为后续研究提供数据支撑，IBI 反演结果如图 6-16 所示。

表 6-5　建设指数对应波段特征情况

类型	Landsat 5 TM			Landsat 8 OLI_TIRS		
	波段	波长/μm	分辨率/m	波段	波长/μm	分辨率/m
GREEN	Band 2	0.520～0.600	30	Band 3	0.600～0.630	30
RED	Band 3	0.630～0.690	30	Band 4	0.630～0.680	30
NIR	Band 4	0.760～0.900	30	Band 5	0.845～0.885	30
SWIR	Band 5	1.550～1.750	30	Band 6	1.560～1.660	30

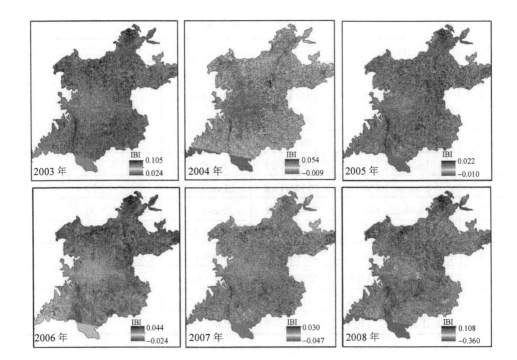

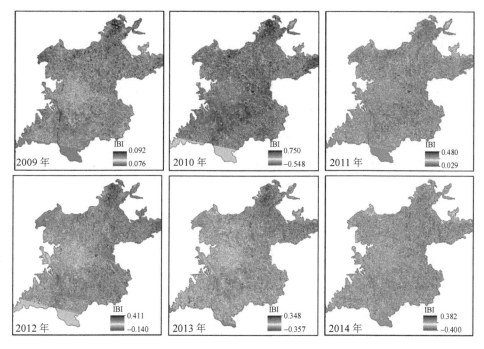

图 6-16　2003—2014 年研究区 IBI 反演结果

6.4　基于机器学习的北京平原区地面沉降影响因子权重研究

6.4.1　机器学习理论

随着信息技术尤其是计算机技术的发展，在各个研究领域和行业，将人类社会的信息转换成计算机能够识别的信息和运算处理过程中，海量的计算数据产生并被存储下来。美国国际数据集团（International Data Group，IDG）一项名为"数字世界"的调查显示，截至 2010 年，全球将产生 1.2 Zeta（泽塔）字节的数字信息，并且预测，在未来的 10 年，全球总体信息量将是现在的 44 倍，"数据洪水"的泛滥之势仍然有增无减。这些数据不仅具有庞大的规模，而且其所包含的变量、特征和属性的数量非常多。大数据的应运而生，使传统的数据库工具对其直接存储、管理及处理无法直接进行，那么，如何利用这些数据挖掘出我们想要的知识，如何使信息资源得到有效的利用，提高信息的质量，已成为一个世界性的亟待"医治"的网络顽疾。例如，在生活中，我们想通过房间数、卫生间数、建筑面积和地皮尺寸等来预测一栋房子的价格，这时便需要从现有的真实房地产销售数据中集中"学习"，此大数据集通常要达到 TB 以上规模。大数据分析的核心就是机器学习算法。

机器学习（Meachine Learning）是计算机科学的一个分支，也可以认为是模式识别（Pattern Recongnition）、人工智能（Artificial Intelligence）、统计学（Statisics）、数据挖掘（Data Mining）等多个学科的交叉学科。机器学习一词最早由 IBM 公司的 Arthur Samuel 在 1956 年达特茅斯人工智能会议上提出，1952 年，Samuel 所在的 IBM 公司研发了一款西游跳棋程序，这个程序具有自主学习能力，能够通过大量棋局的分析逐渐辨识出每一棋局中的"好棋"与"坏棋"，从而不断提高机器的跳棋水平并很快在和自己的比赛中获胜，Samuel 介绍了自己的这项发现，并发明了"机器学习"一词。随后，1955 年，Langley 认为，机器学习是一门人工智能的科学，该领域的主要研究对象就是人工智能，特别是如何在经验学习中改善具体算法的性能。1998 年，Mitchell 作为卡耐基梅隆大学机器学习系主任对学习程序进行定义，他认为，"如果一个计算机程序针对某类任务 T 的性能用 P 衡量，并且根据经验 E 来自我完善，那么我们称这个计算机程序在从经验 E 中学习，针对某类任务 T，它的性能用 P 来衡量"。他认为机器学习是对能通过经验自动改进的计算机算法的研究。2004 年，Alpaydin 提出，机器学习是用某个数据或以往的经验，来对计算机程序的性能标准进行优化的一种手段。近年来，随着大数据和云计算的发展，机器学习进入了发展的黄金时期。

机器学习是人工智能研究领域比较年轻的一个分支，它的发展主要分为 4 个时期：第一个时期是从 20 世纪 50 年代中期到 60 年代中期，此时为热烈时期，又被称为通用学习系统的研究。在这一时期，机器学习与人工智能学科的产生基本同步，研究的主要方法是不断修改系统控制参数，从而对系统的执行能力进行改进，这一阶段不涉及与具体任务有关的知识，主要技术包括神经元模型、决策论和控制论。第二个时期是从 20 世纪 60 年代中期到 70 年代中期，这一阶段被称为冷静时期，是基于符号表示的一种概念学习研究。在这一时期，学者们的主要研究目标是实现对人类概念的模拟，并能将采用逻辑结构或图形结构作为机器的内部描述。而此时对应的人工智能领域的研究重点也转到了符号系统和基于知识的方法研究上，主要工作包含概念的获取和各种模式识别系统的应用。第三个时期是从 20 世纪 70 年代中期到 80 年代中期，这一阶段被称为复兴时期，是基于知识的学习系统研究，在这一阶段，学者们对基于知识的学习系统的运用日益重视，并结合聚类、类比推理和机器发现等工作，在这一阶段，主要工作包含基于知识的方法研究、各种学习方法的研发和培养生成与选择学习任务相结合的能力。第四个时期是从 20 世纪 80 年代后期至今，对联合学习和符号学习的深入研究使得机器学习领域发展迅速，将各种学习方法结合起来，兴起了对多种形式的集成学习系统进行取长补短的研究。

6.4.2　集成学习理论

集成学习（Ensemble Learning）的核心是通过构建多个不同的模型，并将这些模型结合起来组成多个学习器，从而完成学习任务，它也被称为多分类器系统（Multi-classifier System）或者基于委员会的学习（Committee-based Learning）等。集成学习作为一种新的机器学习范式，将多个基学习器（Base Learner）组合起来去解决同一个问题，使一个学习系统的泛化能力得到显著提高，由于集成学习的这种优势特点，20 世纪 90 年代开始，集成学习方面的理论和算法研究成为机器学习领域的热点问题。

1990 年，Hansen 和 Salamon 等提出神经网络集成算法，通过对多个神经网络进行训练，将其结果结合起来，进而提高学习系统的泛化能力，该研究证明通过建立某种构造方法，将多个弱学习器结合起来形成一个强学习器，该研究成果为之后的集成学习理论研究奠定了基础。1996 年，Cherkauer 利用简单平均法对不同神经网络中的不同隐层神经元数进行集成，对 SAR 影像进行分析。2000 年，我国学者周志华等通过与美国卡内基梅隆大学和微软中国研究院进行合作，将集成学习技术应用到复杂环境下多姿态人脸识别研究中，这种集成系统识别的准确度要高于单一神经网络的识别精度。2005 年，唐伟等提出了一种基于 Bagging 的选择性聚类集成算法，实验结果表明，利用此方法可以有效地改善聚类效果，提高聚类性能。2010 年，赵向辉等针对地质灾害危险度区划中的分类问题，结合集成学习和 GIS 分析技术，对滑坡的危险度进行定量划分，研究结果达到了较高的精度。2013 年，杜培军等选取集成学习中的 Bagging 和 AdaBoost 算法，对高分辨率遥感影像进行分类研究，研究结果表明，集成学习方法能够有效地控制高分辨率遥感影像分类结果中的不确定性。2016 年，马旸等选取并行化随机森林算法，建立组合的域名检测分类器，以此来提高检测精确度及容错能力，研究结果表明，组合分类器的精确度和准确率均高于决策树分类器，该研究方法能够更有效地检测大规模网络中的恶意域名。

集成学习的结构一般为，先由某一个现有的学习算法产生一组"个体学习器"（Individual Learner），再选用某种策略手段将这些个体学习器结合起来，若这些个体学习器属于同一种类型，那么这种集成学习方法为"同质"（Homogeneous），这些个体学习器也称为基学习器，对应的学习算法称为"基学习算法"（Base Learning Algorithm）；若这些个体学习器属于不同类型，那此时的集成学习方法是"异质"（Heterogeneous）的，这些个体学习器称为"组件学习器"（Component Learner）或直接称为个体学习器，而此时不再有对应的基学习算法。在集成学习中，一般对各个基学习器的性能要求较低，基本好于随机猜测即可，在学习过程中，要保证得到的各个基学习器满足多样性的要求，这样在将各个基学习器组合起来时，才能够有效地提高学习性能，这种结合后的学习器，一般较单一学习器的性能有所提高。根据基学习器的生成策略，集成学习一般可以分为两大类，分别为并行方法（Parallel Method）和顺序方法（Sequential Method），其中并行方法主要以 Bagging（Bootstrap Aggregating）为代表，顺序方法主要以 Boosting 为代表。在并行方法中，需要同时构建多个基学习器，再利用这些基学习器的独立性来提高最终模型的性能，而在顺序方法中，需要按顺序构建多个学习器，后面的学习器要尽量避免前面学习器产生的错误，以此来提高所有学习器聚合后的性能。

（1）Bagging

Bagging 的全称为 Bootstrap Aggregating，从名字可以看出，是通过 Bootstrap 可重复取样的方法建立多个不同的训练集，接着在各个训练集上训练对应的基学习器，最后将这些基学习器聚合起来形成模型。Bagging 主要有两个组成部分，分别为 Bootstrap 可重复取样和模型聚合（Aggregation）。Bagging 算法如表 6-6 所示。

表 6-6　Bagging 算法

输入：　$D=\left\{(x_1,y_1),(x_2,y_2),\cdots,(x_m,y_m)\right\}$ ；

　　　基学习算法 ζ ；

　　　训练轮数 T ；

过程：

1：for　$t=1,2,3,\cdots,\text{T do}$

2：$h_t=\zeta\left(D,D_{bs}\right)$

3：end for

输出：$H(x)=\arg\max\sum_{t=1}^{T}\prod\left(h_t(x)=y\right)$

从方差和偏差的角度来看，Bagging 注重的是降低方差，因此它在不剪枝决策树、神经网络等易受样本扰动的学习器上效用更为明显。随机森林（Random Forest，RF）是 Breiman 于 2001 年提出的，是 Bagging 模式中主要的应用学习算法，随机森林利用 Bagging 的基本思想来对一系列的决策树进行训练，但又根据各个决策树的特点进行了一定的改进，使最终构建的决策树间相关性尽量小，从而显著提高了最终模型的性能。随机森林在构建每个决策树时，通过引入随机信息来降低各个基学习器的相关度，假如我们有 D 个可选变量，我们从中随机选出 D_1 个变量，在这些变量中再选出一个最优变量，直观地说，降低 D_1 的值虽然能够降低单个决策树在其对应训练集上的表现，但是对于它建立的不同决策树的相关度能得到一定程度上的降低，从而最终减小了最终平均后的模型的方差。随机森林的具体步骤如表 6-7 所示。

表 6-7　随机森林算法的具体步骤

对于 $j=1:m$
生成一个 Bootstrap 取样的样本集 S_j
在 S_j 上训练一个决策树 T_j，在生成决策树的过程中，如果对应的样本数大于 $n_{\min}$，那么做如下处理：
从所有供选择的 D 个变量中随机选择 D_1 个变量

从 D_1 个变量中选择导致最优划分的变量

将该节点根据选择的最优变量划分为两个子节点

对这一过程进行重复操作，直到所有的叶节点对应的样本数都小于或者等于 $n_{\min}$

聚合 m 棵决策树 $T_1, T_2, \cdots, T_m$：

如果是分类问题：$f(x) = \mathrm{mod}\, e\big(T_1(x), \cdots, T_m(x)\big)$

如果是回归问题：$f(x) = \dfrac{1}{m}\displaystyle\sum_{j=1}^{m} T_j(x)$

（2）Boosting

Boosting 是一种将弱分类算法准确度提高形成强学习器的算法，它通过建立一系列预测函数，然后将这些函数以一定的方式组合起来形成一个新的预测函数。它是一种框架算法，先从初始训练集训练出一个基学习器，再根据基学习器的表现调整训练样本的分布，使之前的基学习器中做错的训练样本在后续训练中得到更多的关注，然后基于调整后的样本分布来训练下一个基学习器，如此进行重复操作，直到学习器的数目达到事先预定的值 T，最终对这些基学习器进行加权组合。Boosting 算法如表 6-8 所示。

表 6-8　Boosting 算法

输入：$D=\big\{(x_1, y_1),(x_2, y_2),\cdots,(x_m, y_m)\big\}$
基学习算法 ζ ；
训练轮数 T ；
过程：
1：$D_1(x) = \dfrac{1}{m}$
2：for $t = 1,2,\cdots,T$　do
3：$h_t = \zeta(D, D_t)$ ；
4：$\varepsilon_t = P_{x \sim D_t}(h_t(x) \neq f(x))$
5：If $\varepsilon_t > 0.5$　then break
6：$\partial_t = \dfrac{1}{2}\ln\left(\dfrac{1-\varepsilon_t}{\varepsilon_t}\right)$

7：$D_{t+1}(x) = \dfrac{D_t(x)}{Z_t} \times \begin{cases} \exp(-\partial_t), \text{if } ht(x) = f(x) \\ \exp(\partial_t), \text{if } ht(x) \neq f(x) \end{cases}$

$= \dfrac{D_t(x)\exp(-\partial_t f(x) h_t(x))}{Z_t}$

8：End for

输出：$H(x) = \mathrm{sign}\left(\displaystyle\sum_{t=1}^{T} \alpha_t h_t(x)\right)$

从偏差和方差分解的角度来看，Boosting 主要关注的是降低偏差，所以 Boosting 可以基于泛化性能相对较弱的学习器来构建出较强的集成。梯度提升决策树（Gradient Boosting Decision Tree，GBDT）由 Freidman 提出，它是一种迭代的决策树算法，该算法由多棵决策树组成，所有树的结论累加起来即可得到最终答案。其利用了损失函数的负梯度在当前模型的值作为回归问题提升树算法的残差近似值，去拟合一个回归树。它在被提出之初就和 SVM 一起被认为是泛化能力较强的算法。GBDT 具体算法步骤如表 6-9 所示。

表 6-9　梯度提升决策树具体算法步骤

得到初始函数 $f_0(x) = c$ ，这里 $c = \arg\min \displaystyle\sum_{i=1}^{n} L(y_i, c)$

---

for $j = 1:m$

计算负梯度：$r_{ij} = -\left[\dfrac{\partial L(y, f)}{\partial f^{(i)}} \right]_{f = f_{j-1}}$

以 $r = \left[r_{1j}, r_{2j}, \cdots, r_{nj} \right]^T$ 作为新目标，在训练集上构建一个新模型 $h_j(x)$

求解步长 s_j：

$s_j = \arg\min\limits_{s>0} \displaystyle\sum_{i=1}^{n} L(y_i, f_{j-1}(x_i) + s h_j(x_i))$

将函数 f 更新为

$f_j(x) = f_{j-1}(x) + s_j h_j(x)$

输出最终的模型：

$f(x) = f_m(x)$

6.4.3 基于 RF 和 GBDT 算法的地面沉降影响因素量化分析

利用 Python 中的 sklearn.ensemble 库对 RF 和 GBDT 算法进行实现，在 sklearn.ensemble 库中，RF 包含两种模型，分别为 Random Forest Classifier 分类模型和 Random Forest Regression 回归模型，GBDT 同样包含两种模型，分别为 Gradient Boosting Classifier 分类模型和 Gradient Boosting Regression 回归模型，本研究选用 Random Forest Regression 和 Gradient Boosting Regression 回归模型，模型参数如表 6-10 所示。

表 6-10　模型参数

类型	RF	GBDT
过程类	n_estimators 基学习器数目，int 型，默认值为 10	n_estimators 基学习器数目，int 型，默认值为 100 learning_rate 学习率，float 型，默认值为 0.1
子模型影响类	criterion 分裂条件，string 型，默认值为 mse 最小二乘方差	criterion 分裂条件，string 型，默认值为 friedman_mse friedman 改进后的最小二乘方差
	max_features 分裂时参与判断的最大特征数，int、float、string 或者 None 型，默认值为 None，指所有特征数	max_features 分裂时参与判断的最大特征数，int，float，string 或者 None 型，默认值为 auto，指所有特征数
	max_depth 最大深度，int 型，默认值为 None，表示树会生长到所有叶子都分到一个类，或者某节点所代表的样本数已小于 min_samples_split	max_depth 最大深度，int 型，默认值为 3
	min_samples_split 分裂所需的最小样本数，int、float 型，默认值为 2	min_samples_split 分裂所需的最小样本数，int，float 型，默认值为 2
	min_samples_leaf 叶节点最小样本数，int、float 型，默认值为 1	min_samples_leaf 叶节点最小样本数，int，float 型，默认值为 1
	min_weight_fraction_leaf 叶节点最小样本权重总值，float 型，默认值为 0	min_weight_fraction_leaf 叶节点最小样本权重总值，float 型，默认值为 0
	max_leaf_nodes 最大叶节点数，int 型或 None，默认值为 None，不限制叶节点数	max_leaf_nodes 最大叶节点数，int 或 None 型，默认值为 None，不限制叶节点数
	bootstrap 是否 bootstrap 对样本抽样，boolean 型，默认值为 True	subsample 子采样率，float 型，默认值为 1.0

类型	RF	GBDT
子模型影响类	n_jobs 并行数，int 型，默认值为 1	Init 初始子模型，默认值为 None，利用 loss.init_estimator
	warm_start 是否热启动，如果是，则下一次训练是以追加树的形式进行，bool 型，默认值为 Flase	warm_start 是否热启动，如果是，则下一次训练是以追加树的形式进行，bool 型，默认值为 Flase
	oob_score 是否计算袋外得分，bool 型，默认值为 Flase	presort 是否预排序，预排序可以加速查找最佳分裂点，对于稀疏数据不管用，bool 或 auto 型，默认值为 auto
	random_state 随机器对象，int、RandomState instance 或 None 型，默认值为 None	random_state 随机器对象，int、RandomState instance 或 None 型，默认值为 None
	verbose 日志冗长度，int 型，默认值为 0，表示不输出训练过程	verbose 日志冗长度，int 型，默认值为 0，表示不输出训练过程

本研究选取覆盖北京平原区的 207 066 个 SDFP 点作为研究数据，建立后期训练所需的数据列表，其中将 2003—2013 年的地面沉降量变化值作为因变量，2003—2013 年地下水水位变化值、可压缩层厚度值，2003—2004 年 IBI 静载荷值变化值和数据场动载荷值作为因变量。RF 和 GBDT 算法部分输入数据见表 6-11。

表 6-11 RF 和 GBDT 算法部分输入数据

沉降变化量	地下水水位变化	可压缩层厚度	静载荷 IBI	动载荷势值
−16.549 200 00	0.774 320 00	152.468 000 00	−0.193 115 00	0.000 349 56
−9.458 700 00	0.000 000 00	151.347 000 00	−0.216 995 00	0.000 206 07
−3.842 600 00	0.589 956 00	151.347 000 00	−0.255 088 00	0.000 206 07
−4.553 800 00	0.589 956 00	151.347 000 00	−0.211 894 00	0.000 206 07
−14.308 400 00	0.742 880 00	152.468 000 00	−0.177 531 00	0.000 125 63
−10.020 000 00	0.664 501 00	151.908 000 00	−0.133 937 00	0.000 263 97
−12.314 300 00	0.742 880 00	152.468 000 00	−0.247 410 00	0.000 125 63
−13.180 100 00	0.589 956 00	151.347 000 00	−0.201 522 00	0.000 000 00
−11.982 000 00	0.664 501 00	151.908 000 00	−0.166 860 00	0.000 263 97
−11.450 900 00	0.664 501 00	151.908 000 00	−0.184 326 00	0.000 125 63
−16.652 700 00	0.664 501 00	151.908 000 00	−0.176 400 00	0.000 125 63
−5.631 100 00	0.742 880 00	152.814 000 00	−0.158 250 00	0.000 125 63

沉降变化量	地下水水位变化	可压缩层厚度	静载荷 IBI	动载荷势值
4.665 300 00	0.742 880 00	153.375 000 00	−0.132 472 00	0.000 125 63
−2.983 300 00	0.742 880 00	152.814 000 00	−0.177 024 00	0.000 125 63
2.503 300 00	0.589 956 00	152.253 000 00	−0.241 427 00	0.000 000 00
0.113 701 00	0.589 956 00	152.253 000 00	−0.227 721 00	0.000 000 00
−21.262 500 00	0.664 501 00	152.814 000 00	−0.180 062 00	0.000 125 63
−12.082 700 00	0.664 501 00	152.814 000 00	−0.172 708 00	0.000 263 97
3.491 900 00	0.589 956 00	152.253 000 00	−0.206 674 00	0.000 000 00
−18.316 200 00	0.589 956 00	152.253 000 00	−0.315 744 00	0.000 263 97
−8.932 300 00	0.589 956 00	152.253 000 00	−0.277 861 00	0.000 000 00
−9.278 400 00	0.589 956 00	152.253 000 00	−0.195 298 00	0.000 000 00
0.285 999 00	0.555 215 00	152.253 000 00	−0.188 844 00	0.000 000 00
−16.814 700 00	0.706 988 00	152.814 000 00	−0.162 587 00	0.000 125 63
−24.158 800 00	0.706 988 00	153.375 000 00	−0.319 743 00	0.000 125 63
−13.949 800 00	0.629 233 00	152.253 000 00	−0.231 050 00	0.000 263 97
2.006 000 00	0.555 215 00	152.253 000 00	−0.263 936 00	0.000 000 00
−17.953 000 00	0.629 233 00	152.814 000 00	−0.180 935 00	0.000 125 63
−4.274 200 00	0.629 233 00	152.814 000 00	−0.191 999 00	0.000 263 97
−11.184 400 00	0.629 233 00	152.814 000 00	−0.205 777 00	0.000 125 63
−16.587 700 00	0.629 233 00	152.253 000 00	−0.226 015 00	0.000 263 97
−12.448 000 00	0.629 233 00	152.814 000 00	−0.203 803 00	0.000 263 97
−24.688 600 00	0.629 233 00	152.814 000 00	−0.181 186 00	0.000 125 63
−21.890 600 00	0.788 994 00	154.281 000 00	−0.200 303 00	0.000 171 69
−11.664 800 00	0.629 233 00	153.721 000 00	−0.251 058 00	0.000 448 56
−30.444 900 00	0.629 233 00	153.721 000 00	−0.222 730 00	0.000 448 56
−11.929 400 00	0.590 064 00	153.721 000 00	−0.225 596 00	0.000 448 56
−11.507 400 00	0.747 539 00	154.842 000 00	−0.178 583 00	0.000 171 69
−7.069 100 00	0.747 539 00	154.842 000 00	−0.250 079 00	0.000 171 69
−14.384 000 00	0.747 539 00	154.842 000 00	−0.164 717 00	0.000 171 69
−25.359 100 00	0.590 064 00	153.989 000 00	−0.244 684 00	0.000 448 56
−14.744 600 00	3.823 690 00	160.000 000 00	−0.144 053 00	0.459 461 00
−17.331 100 00	0.701 438 00	154.405 000 00	−0.376 139 00	0.007 863 93
−22.115 100 00	3.891 620 00	160.000 000 00	−0.237 078 00	0.565 152 00
−15.414 700 00	3.891 620 00	161.115 000 00	−0.144 776 00	0.565 152 00
−3.741 300 00	3.697 970 00	160.000 000 00	−0.169 737 00	0.682 670 00
−8.322 300 00	3.697 970 00	160.000 000 00	−0.114 470 00	0.682 670 00

（1）RF

选用坐标下降法对各参数进行调整，利用 Python 中 sklearn.grid_search 库中的 GridSearchCV 类，对参数进行调整，然后对每一种参数组合进行交叉验证，计算平均准确度，对准确度进行分析并选择参数。首先对过程影响类参数进行调整，RF 模型中过程影响类参数只有 n_estimators 子模型数，默认值为 10，本研究以 10 为基础，将 10 作为单位，考察取值范围为 10~201 的调参情况，如图 6-17 所示。

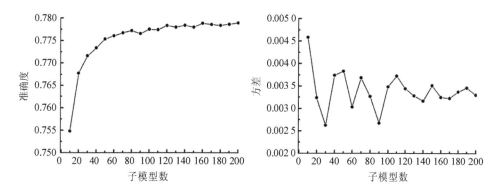

图 6-17　参数子模型数调整结果

从图 6-17 中可以看出，随着子模型数的增加，模型的准确度呈上升趋势，从 0.754 80 增大到 0.778 88，而模型的方差整体呈减小趋势，从 0.004 58 减小到 0.003 30，方差的整体减小使其防止过拟合的能力增强，故而模型的准确度逐渐增大，考虑训练效率，本研究将子模型数最终设置为 200。在设置子模型数为 200 的前提下，本研究依次对子模型的主要影响类参数进行调整，分别为分裂时参与判断的最大特征数、最大深度以及分裂时所需的最小样本数、叶节点最小样本数和最大叶节点数。

对于分裂时参与判断的最大特征数，分别取值 1、2、3、4 进行模型调整，调参结果如图 6-18 所示。

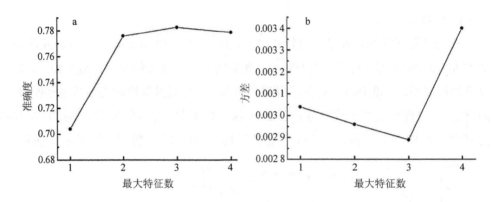

图 6-18　参数分裂时参与判断的最大特征数调整结果

　　从图 6-18a 中可以看出，随着分裂时参与判断的最大特征数的逐渐加大，整体模型的准确度整体呈上升趋势，当分裂时参与判断的最大特征数达到 4 时，准确度有下降趋势，而从图 6-18b 中可以看出，随着分裂时参与判断的最大特征数的逐渐加大，方差呈减小趋势，当分裂时参与判断的最大特征数达到 4 时，方差有明显上升趋势，故本研究最终将分裂时参与判断的最大特征数设置为 3。

　　对于最大深度，本研究以 10 为基础，将 10 作为单位，考察取值范围为 10～190 的调参情况，如图 6-19 所示。

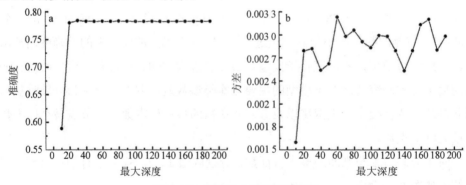

图 6-19　参数最大深度调整结果

　　从图 6-19a 中可以看出，最大深度从 10 到 30 增大时，准确度呈上升趋势，而最大深度在 30 以后，准确度呈微弱减小趋势，从图 6-19b 中可以看出，最大深度从 10 到 30 增大时，方差呈上升趋势，而最大深度在 30 以后，方差呈"抖动"

状态，在现阶段训练中，"抖动"现象的发生表明，此时对该参数的调整已不太合适了，所以最终选取最大深度值为 30。

对于分裂时所需的最小样本数，本研究以 2 为基础，将 1 作为单位，考察取值范围为 1～9 的调参情况，结果如图 6-20 所示。

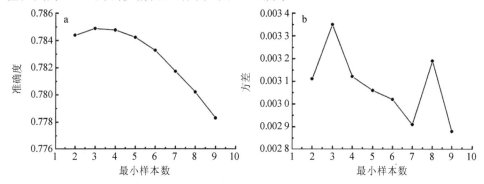

图 6-20　参数分裂时所需的最小样本数调整结果

从图 6-20 中可以看出，随着分裂所需的最小样本数的增加，准确度整体呈下降趋势，方差虽有"抖动"状态，但整体呈下降趋势，在这个过程中，子模型的结构变得越来越简单，理论上说，首先应当减小方差使整体模型的准确度提升。但是，在本次训练阶段，子模型偏差增大的幅度比方差减小的幅度更大，所以整体模型的准确度持续下降。本研究最终将分裂时所需的最小样本数设置为 2。

对于叶节点最小样本数，本研究以 1 为基础，将 1 作为单位，对取值范围为 1～9 的调参情况进行考察，结果如图 6-21 所示。

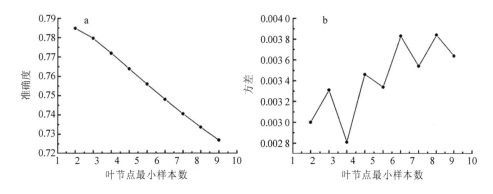

图 6-21　参数叶节点最小样本数调整结果

从图 6-21 中可以看出，随着叶节点最小样本数的增加，模型准确度呈下降趋势，而方差呈"抖动"趋势，同最大特征参数一样，此时对该参数的调整已经没有意义，所以本研究中选取节点最小样本数的默认值 1 作为最终参数值。

对于最大叶节点数，本研究以 10 为基础，将 300 作为单位，对取值范围为 10～2 800 的调参情况进行考察，结果如图 6-22 所示。

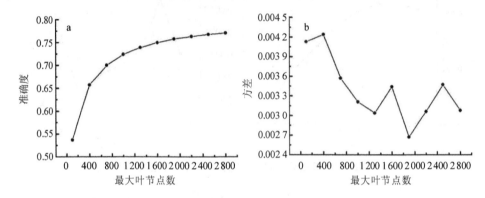

图 6-22　参数最大叶节点数调整结果

从图 6-22 中可以看出，随着最大叶节点数的增大，模型的准确度呈上升趋势，从 0.536 98 增加到 0.776 98，而模型的方差整体呈减小趋势，从 0.004 13 减小到 0.003 08，但在最大叶节点数达到 1 600 时，"抖动"状态发生，所以本研究选取默认参数不限制叶节点数作为最终参数。

通过对上述各参数的调参情况，总结如表 6-12 所示。

表 6-12　调整后参数情况

参数	调整后取值	调整后平均准确度
子模型数（n_estimators）	200	0.778 88
分裂时参与判断的最大特征数（max_features）	3	0.778 75
最大深度（max_depth）	30	0.782 81
分裂时所需的最小样本数（min_samples_split）	2	0.778 30
叶节点最小样本数（min_samples_leaf）	1	0.784 79
最大叶节点数（max_leaf_nodes）	None	0.770 98

表 6-13　随机森林模型训练过程

#训练数据输入

(X_train，y_train)<-(x，y)

#参数集合

range<-{n_estimators，criterion，max_features，max_depth，min_samples_split， min_samples_leaf，max_leaf_nodes}

#模型初始化

regr<-RandomForestRegressor()

#调参

for r ： range

gs_cv<-GridSearchCV(regr, r)

gs_cv.fit(X_train, y_train)

gs_cv.grid_scores_, gs_cv.best_params_, gs_cv.best_score_

利用 Python 中 sklearn.ensemble 库中的 Random Forest Regression 回归模型，对北京平原区地面沉降影响因子权重进行学习分析，模型中的主要参数设置参照表 6-12，训练过程如表 6-13 所示，选取 70%的数据作为训练数据，30%的数据作为袋外验证数据，研究结果发现，模型的准确度达到 0.812 68，各影响因子的权重情况如图 6-23 所示。

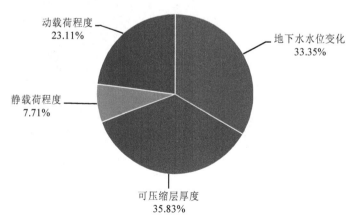

图 6-23　基于随机森林的地面沉降各影响因子的权重分布

从图 6-23 中可以看出，贡献率最大的是可压缩层厚度（X_2），为 35.83%；其次是地下水水位变化（X_1），为 33.35%；最小的是静载荷变化程度（X_3），为 7.71%。

（2）GBDT

同 RF 模型调参方法类似，选用坐标下降法对各参数进行调整，利用 Python 中 sklearn.grid_search 库中的 GridSearchCV 类，对参数进行自动化调参，然后对两种参数组合进行交叉验证，计算平均准确度，对准确度进行分析并进行参数的选择。首先对过程影响类参数进行调整，由于 GBDT 模型中过程影响类参数包含两个，分别为 n_estimators 子模型数和 learning_rate 学习率，其中子模型数默认值为 100，学习率默认值为 0.1，所以本研究在对 GBDT 模型中过程影响类参数调参时，要同时考虑两个参数，对于子模型数，以 100 为基础，取值设置为 100、500、1 000、1 500、2 000、2 500、3 000、3 500、4 000、4 500 和 5 000，对于学习率参数，以 0.1 为基础、0.2 为单位，取值范围为 0.1～0.9 的数值，同时对两个参数进行调节寻找最优解，考察结果如图 6-24 所示。

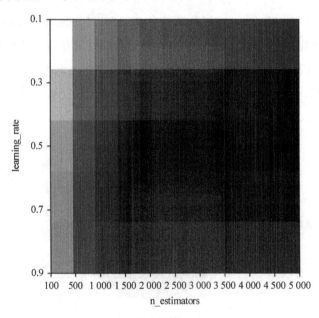

图 6-24　子模型数与学习率调参结果

从图 6-24 中可以看出（图中颜色越深表示整体模型的性能越高），随着子模型数和学习率的增加，模型的准确度呈增大状态，由于子模型数和学习率两个参数的改变使得性能提升不均衡，表现为前期较高，后期较低，如果一开始我们将这两个参数调成最优，很容易陷入一个"局部最优解"，所以暂时将子模型数设置为 3 000，学习率设置为 0.5，此时的整体模型性能基本达到要求，平均准确度达到 0.732 67。在设置子模型数为 3 000、学习率为 0.5 的前提下，本研究依次对子模型的主要影响类参数进行调整，分别为最大深度、分裂时所需的最小样本数、叶节点最小样本数、分裂时参与判断的最大特征数和子采样率。

对于最大深度，本研究以 3 为基础，将 2 作为单位，考察取值范围在 3～14 的调参情况，结果如图 6-25 所示。

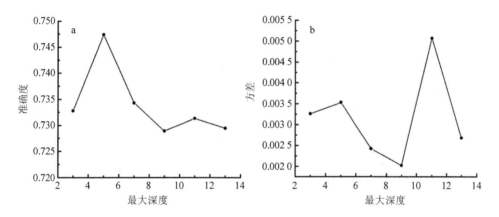

图 6-25　最大深度参数调整结果

从图 6-25 中可以看出，随着最大深度的增加，模型的准确度呈现先增高再降低的趋势，当最大深度达到 5 时，模型的准确度达到最大，为 0.747 39，而随着最大深度的增加，方差基本呈减小趋势，所以最终设置最大深度值为 5。

对于分裂时所需的最小样本数，以 2 为基础，将 50 作为单位，对取值范围在 2～952 的调参情况进行考察，结果如图 6-26 所示。

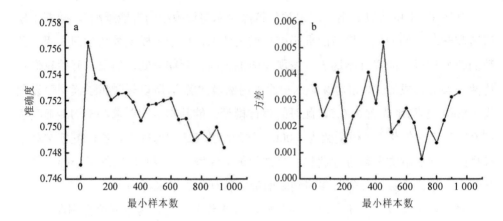

图 6-26　分裂时所需的最小样本数调参结果

从图 6-26a 中可以看出，分裂时所需的最小样本数从 2 增加到 52 时，模型的准确度明显增高，但分裂时所需的最小样本数在 52 以后，模型的准确度呈减弱趋势，从图 6-26b 中可以看出，随着分裂时所需的最小样本数增加，方差呈"抖动"趋势，此时对该参数的调整已不太合适，所以最终设置分裂时所需的最小样本数为 52。

对于叶节点最小样本数，以 1 为基础，将 10 作为单位，考察取值范围在 1～91 的调参情况，结果如图 6-27 所示。

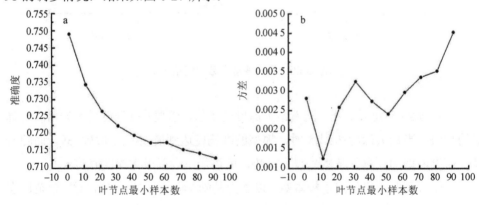

图 6-27　叶节点最小样本数调整结果

从图 6-27a 中可以看出，随着叶节点最小样本数的增大，整体模型的准确度呈减小趋势，从图 6-27b 中可以看出，随着叶节点最小样本数的增大，方差整体呈上升趋势，表明此时模型的泛化能力在减弱，所以对于叶节点最小样本数最终保持默认值。

对于分裂时参与判断的最大特征数，分别取值 1、2、3、4 进行模型调整，调参结果如图 6-28 所示。

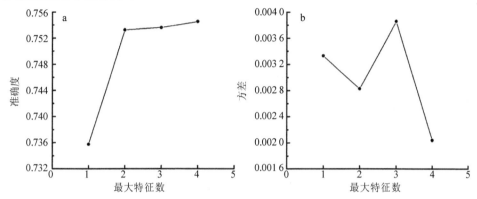

图 6-28 分裂时参与判断的最大特征数调整结果

从图 6-28a 中可以看出，随着分裂时参与判断的最大特征数的逐渐增加，整体模型的准确度呈增大趋势，当分裂时参与判断的最大特征数达到 4 时，整体模型的准确度达到最大，而从图 6-28b 中可以看出，随着分裂时参与判断的最大特征数的逐渐加大，方差虽有波动情况，但整体呈减小趋势，所以最终选取分裂时参与判断的最大特征数为 4。

对于子采样率，以 0.2 为基础，将 0.1 作为单位，对取值范围在 0.2~1 的参数进行考察，结果如图 6-29 所示。

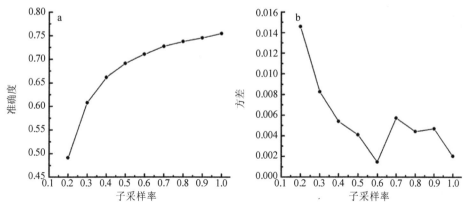

图 6-29 子采样率参数调整结果

从图 6-29a 中可以看出，随着子采样率的增大，整体模型的准确度呈增大趋势，而从图 6-29b 中可以看出，随着子采样率的增加，方差虽有波动情况，但整体呈减小趋势，故本研究最终选取子采样率 1 作为最终的参数值。

通过对上述各参数的调参情况，总结如表 6-14 所示。

表 6-14　调整后参数情况

参数	调整后取值	调整后平均准确度
子模型数（n_estimators）	3 000	0.732 67
学习率（learning_rate）	0.5	
最大深度（max_depth）	5	0.747 39
分裂时参与判断的最大特征数（max_features）	4	0.754 54
分裂时所需的最小样本数（min_samples_split）	52	0.756 38
叶节点最小样本数（min_samples_leaf）	1	0.748 99
子采样率（subsample）	1	0.754 54

同 RF 一样，利用 Python 中 sklearn.ensemble 库中的 Gradient Boosting Regression 回归模型，对北京平原区地面沉降影响因子权重进行学习分析，模型中的主要参数设置参照表 6-14，训练过程如表 6-15 所示，选取 70% 的数据作为训练数据，30% 的数据作为袋外验证数据，研究结果发现，模型的准确度达到 0.742 85，各影响因子的权重情况如图 6-30 所示。

表 6-15　梯度提升决策树训练过程

```
#训练数据输入
(X_train，y_train)<-(x，y)
#参数集合
range<-{n_estimators，learning_rate，max_features，max_depth，min_samples_split，
  min_samples_leaf，max_leaf_nodes，}
#模型初始化
regr<-RandomForestRegressor()
#调参
for r ： range
gs_cv<-GridSearchCV(regr, r)
gs_cv.fit(X_train, y_train)
gs_cv.grid_scores_, gs_cv.best_params_, gs_cv.best_score_
```

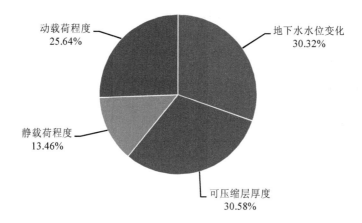

图 6-30 基于梯度提升决策树模型的地面沉降各影响因子的权重分布

从图 6-30 中可以看出，贡献率最大的同样是可压缩层厚度（X_2），为 30.58%；其次是地下水水位变化（X_1），为 30.32%；最小的是静载荷变化程度（X_3），为 13.46%。

6.5 小结

本章通过对地面沉降和地下水降落漏斗的空间分布以及不同土地利用类型区域地下水水位变化和地面沉降时序信息进行叠加分析，获取地面沉降场与地下水流场的响应特征；基于数据场模型和 IBI 获取北京平原区动静载荷空间分布情况；将地下水水位变化、可压缩层厚度以及动静载荷程度作为地面沉降的影响因子，结合机器学习技术方法，定量获取不同影响因子对地面沉降的贡献，主要结论如下：

（1）北京平原区地面沉降分布范围空间位置与第二含水层和第三含水层地下水降落漏斗范围基本吻合，在 5 种浅表层空间利用区域内，地面沉降与承压水水位变化响应关系强于潜水水位变化，最大相关性达到 0.988。

（2）利用黄金分割方法，寻找满足精度要求的函数极小点，获取最优影响因子值，构建数据场模型并生成数据势场图，得到北京平原区动载荷空间分布，作为动载荷程度值；利用 Landsat 影像获取北京平原区 IBI，作为静载荷程度值。

（3）利用机器学习中的随机森林和梯度提升决策树模型，对模型中的参数进行自动化调参，两种模型准确度均达到 70%及以上，结果表明，对地面沉降贡献最大的是可压缩层厚度，贡献率分别为 35.83%和 30.58%，对地面沉降贡献最小的是静载荷变化程度，贡献率分别为 7.71%和 13.46%。

第 7 章   总结与展望

7.1   总结

本书在总结国内外学者在地面沉降监测方法、成因机理方面研究的基础上，选取北京平原区作为研究区，利用高新对地监测 SBAS-InSAR 技术，结合多平台、多源数据获取地面沉降监测信息。从地面沉降空间格局特征入手，识别北京平原区地面沉降空间分布模式，阐述不均匀地面沉降演化特征。对北京平原区地物进行分类，在不同土地利用类型区域背景下，阐释地面沉降差异特征。进一步分析北京平原区以及不同浅表层利用空间区域地下水水位变化与地面沉降的响应关系。建立动载荷信息获取模型，获取北京平原区动载荷空间分布，作为地面沉降的影响因子，叠加地下水水位变化、可压缩层厚度以及静载荷程度。利用机器学习技术手段，量化归因北京平原区地面沉降成因机理，主要结论如下：

（1）北京平原区时序地面沉降场信息获取

研究获取北京平原区 2003—2015 年地面沉降信息，结果表明，地面沉降监测信息具有较高精度，其中 2003—2010 年，最小绝对误差达到 1 mm/a，2011—2013 年，最小绝对误差达到 0.2 mm/a，监测精度达到要求。2003—2015 年，北京平原区地面沉降空间分布差异性较强，沉降严重区主要集中在朝阳区东部、通州区西北部、昌平区南部、顺义区西北部和大兴区南部，研究区内形成了多个沉降漏斗，截至 2015 年，北京平原区最大累积沉降量为 1 357 mm，累积沉降量大于 500 mm 的区域面积为 463.3 km^2，占平原区总面积的 7%，累积沉降量大于 100 mm 的区域面积为 4 190 km^2，占平原区总面积的 65%，已超过了平原区面积的一半。

（2）北京平原区地面沉降空间格局特征分析

在空间分布上，北京平原区有 38 个乡镇属于 HH 高值集聚区，表明该区域属于地面沉降严重区，主要分布在北京平原区的西北部和东部；而 LL 低值集聚区属于地面沉降轻微区，包括 60 个乡镇或街道，主要分布在北京平原区的中部。在时间序列上，2004—2015 年，Moran's I 指数均达到 0.7 及以上，说明北京平原区各乡镇地面沉降存在较强的正的空间自相关关系，各乡镇的地面沉降有较强的空间集聚效应；2004—2006 年，地面沉降严重乡镇的 Global Moran's I 指数呈增大趋势，表明该部分乡镇全局自相关程度呈现加强状态，说明该部分乡镇地面沉降不均匀程度呈减弱趋势，而在 2006—2015 年，严重乡镇的 Global Moran's I 指数总体呈减小趋势，表明该部分乡镇全局自相关程度呈现减弱状态，进一步表明该部分乡镇地面沉降不均匀程度基本呈加重趋势。

（3）不同土地利用类型区域地面沉降特征分析

分析不同浅表层利用空间区域地面沉降演化特征发现，地面沉降量范围在 800～1 327 mm 的区域与建设用地区域对应关系最强，地面沉降量范围集中在 600～800 mm 的区域与未利用土地区域对应关系最强，表明研究区内建设用地和未利用土地区域地面沉降问题不容小觑，需重点关注；而研究区内地面沉降较轻微的区域主要分布在土地利用类型为耕地的区域范围内，该区域最容易发生的地面沉降量范围为 45～200 mm。

（4）北京平原区动载荷信息获取

研究主要选取 4 个典型影响因子，分别为地下水水位变化、可压缩层厚度、动载荷程度和静载荷程度，其中动载荷程度，引入数据场方法，建立地面沉降动载荷信息获取模型，利用黄金分割法，通过选择试探点和对函数值进行比较，使得包含极小点的搜索区间逐渐减小，直到获取满足精度要求的函数极小点，可以得到最小熵的势值场分布，通过此方法获取最优影响因子，此时道路动载荷表现得最完整，确定最终影响因子值为 1 043.3，等势间距设置为 50，选取路网节点作为场源点，统计每个道路节点的坐标信息，计算各个道路节点与 PS 点的势值，生成数据势场图，得到北京平原区动载荷空间分布。

（5）北京平原区地面沉降多影响因素量化研究

为阐释地面沉降场与地下水流场的响应特征，将地面沉降和地下水降落漏斗的空间分布，以及不同土地利用类型区域内地下水水位变化和地面沉降时序信息进行叠加分析，研究发现，北京平原区地面沉降分布范围空间位置与第二含水层和第三含水层地下水降落漏斗范围基本吻合。在耕地区域内，第二承压水水位动态变化与地面沉降累积沉降量的相关系数为 0.910，大于潜水水位动态变化与地面沉降累积沉降量的相关性（$P=0.512$）。在林地区域内，分析地面累积沉降量和承压水水位相关性发现，相关性最大的是第一承压水，相关系数达到 0.900；其次为第三承压水，相关系数为 0.846；相关性最小的是第二承压水，相关系数为 0.483。在草地区域内，第二承压水水位与地面沉降累积沉降量的相关系数达到 0.911。在建设用地区域内，与地面累积沉降量相关关系最强的是第二承压水水位，相关系数为 0.988；其次为潜水水位，相关系数为 0.927。在未利用土地区域内，潜水水位和第一承压水水位与地面累积沉降量呈负相关关系，第三承压水水位与地面累积沉降量呈正相关关系，相关系数达到 0.979。

为定量揭示多影响因素对地面沉降的具体贡献，选取机器学习中的随机森林和梯度提升决策树模型，对模型中的参数进行自动化调参，获取各影响因子贡献比率，研究发现，对地面沉降贡献最大的是可压缩层厚度，贡献率分别为 35.83% 和 30.58%，地下水水位变化对地面沉降的贡献率分别为 33.35% 和 30.32%，动载荷对地面沉降的影响分别为 23.11% 和 25.64%，静载荷对地面沉降的贡献率分别为 7.71% 和 13.46%。

7.2　展望

本研究针对北京长时序地面沉降演化机理问题，选用 SBAS-InSAR 技术和 Quasi-PSInSAR 技术，获取北京平原区高精度地面沉降监测信息，在此基础上，从地面沉降空间格局特征入手，分析地面沉降的时空格局模式；考虑不同浅表层利用空间区域情况，分析地面沉降演化特征；引入数据场模型，获取北京平原区动载荷空间分布情况，利用机器学习手段，定量分析地面沉降的成因机制。本研究虽然取得了一定进展，但在地面沉降方面的研究仍然存在不足，在后续研究中仍需要重点关注：

（1）在获取长时序地面沉降监测信息方面，本研究选用多平台、多源数据，在分别获取监测信息后，进行简单的时序信息融合，在后续研究中，对时序融合方面应进行充分研究，以获取长时序地面沉降更精确的监测信息。

（2）在地面沉降演化方面，本研究以地面沉降空间格局模式为研究角度，分析不同土地利用类型区域地面沉降演化特征，进而在一定程度上对地面沉降演化进行刻画，后续研究应进一步对地面沉降演化特征信息进行挖掘。

（3）在地面沉降多影响因素分析方面，针对动载荷信息，本研究选取数据场模型，结合道路及地铁站点信息，获取动载荷空间分布情况，后续研究中，可以选取更多动载荷方面信息，获取更加完整的动载荷分布情况；对于地面沉降多影响因素分析方面，研究选用人工智能领域的机器学习技术，定量获取不同影响因子对地面沉降的贡献，本研究方法主要是从数据驱动的角度入手，在后续研究中，应进一步结合水文地质方面的信息，并对各个因素的具体影响作出进一步解释。

参考文献

[1] Herrera G，Ezqurro P，Tmoas R，et al. Mapping the global threat of land subsidence[J]. Science，2021，371（6524）：34-36.

[2] Sowter A，Amat M B C，Cigna F，et al. Mexico City land subsidence in 2014–2015 Sentinel-1 IW TOPS：Results using the Intermittent SBAS（ISBAS）technique [J]. International Journal of Applied Earth Observation & Geoinformation，2016，52：230-242.

[3] 崔振东，唐益群. 国内外地面沉降现状与研究[J]. 地震工程学报，2007，29（3）：275-278.

[4] 张阿根，魏子新. 上海地面沉降研究的过去、现在与未来[J]. 水文地质工程地质，2002，29（5）：72-75.

[5] 甄娜. 城市地面沉降研究进展及其发展趋势[J]. 环境与生活，2014（22）：242.

[6] Gabriel A K，Goldstein R M，Zebker H A. Mapping small elevation changes over large areas：Differential radar interferometry[J]. Journal of Geophysical Research Solid Earth，1989，94（B7）：9183-9191.

[7] Sandwell D T，Price E J. Phase gradient approach to stacking interferograms[J]. Journal of Geophysical Research Solid Earth，1998，103（B12）：30183-30204.

[8] Wright T J，Parsons B，England P C，et al. InSAR observations of low slip rates on the major faults of western Tibet[J]. Science，2004，305（5681）：236.

[9] Raucoules D，Maisons C，Carnec C，et al. Monitoring of slow ground deformation by ERS radar interferometry on the Vauvert salt mine（France）：Comparison with ground-based measurement[J]. Remote Sensing of Environment，2003，88（4）：468-478.

[10] Gourmelen N，Amelung F. Postseismic mantle relaxation in the Central Nevada Seismic Belt[J]. Science，2005，310（5753）：1473-1476.

[11] Fialko Y. Interseismic strain accumulation and the earthquake potential on the southern San

Andreas fault system[J]. Nature，2006，441（7096）：968-971.

[12]　O Cavalié，Lasserre C，M.-P. Doin，et al. Measurement of interseismic strain across the Haiyuan fault（Gansu，China），by InSAR[J]. Earth & Planetary Science Letters，2009，275（3）：246-257.

[13]　Elliott J R，Biggs J，Parsons B，et al. InSAR slip rate determination on the Altyn Tagh Fault, northern Tibet，in the presence of topographically correlated atmospheric delays[J]. Geophysical Research Letters，2008，35（12）：82-90.

[14]　Wang H，Wright T J，Biggs J. Interseismic slip rate of the northwestern Xianshuihe fault from InSAR data[J]. Geophysical Research Letters，2009，36（3）：139-145.

[15]　范景辉，郭华东，郭小方，等. 基于相干目标的干涉图叠加方法监测天津地区地面沉降[J]. 遥感学报，2008，12（1）：111-118.

[16]　Zhao Q，Lin H，Jiang L. Ground deformation monitoring in Pearl River Delta region with Stacking D-InSAR technique[C]. Proceedings of SPIE—The International Society for Optical Engineering，2008.

[17]　赵超英. 差分干涉雷达技术用于不连续形变的监测研究[D]. 西安：长安大学，2009.

[18]　李爱国，张诗玉. 基于干涉图叠加法的地面沉降速率估计及精度评定[C]. Proceedings of 2010 International Conference on Remote Sensing（ICRS 2010）Volume 3，2010.

[19]　何敏，何秀凤. 利用时间序列干涉图叠加法监测江苏盐城地区地面沉降[J]. 武汉大学学报（信息科学版），2011，36（12）：1461-1465.

[20]　张鹏飞. 基于时序 InSAR 技术的山区煤矿开采沉陷监测研究[D]. 北京：中国矿业大学，2014.

[21]　张洋，汪云甲，闫世勇，等. 基于 Stacking InSAR 技术的沛北矿区沉降监测[J]. 煤炭技术，2016，35（7）：102-105.

[22]　康亚. InSAR 技术在西南山区滑坡探测与监测的应用[D]. 西安：长安大学，2016.

[23]　姜宇，单新建，宋小刚，等. InSAR 大气误差改正及其在活动断层形变监测中的应用[J]. 地震学报，2017，39（3）：374-385.

[24]　Ferretti A，Prati C，Rocca F. Nonlinear subsidence rate estimation using permanent scatterers in differential SAR interferometry[J]. IEEE Transactions on Geoscience & Remote Sensing，2000，38（5）：2202-2212.

[25]　Colesanti C，Ferretti A，Prati C，et al. Monitoring landslides and tectonic motions with the Permanent Scatterers Technique[J]. Engineering Geology，2003，68（1-2）：3-14.

[26] Bürgmann R, Hilley G, Ferretti A, et al. Resolving vertical tectonics in the San Francisco Bay Area from permanent scatterer InSAR and GPS analysis[J]. Geology, 2006, 34（3）: 221-224.

[27] Lesniak A, Porzycka S. Environment monitoring using satellite radar interferometry technique（PSInSAR）[J]. Polish Journal of Environmental Studies, 2008, 17（3A）, 382-387b.

[28] Kim S W, Wdowinski S, Dixon T H, et al. Measurements and predictions of subsidence induced by soil consolidation using persistent scatterer InSAR and a hyperbolic model[J]. Geophysical Research Letters, 2010, 37（5）: 87-105.

[29] Ciampalini A, Bardi F, Bianchini S, et al. Analysis of building deformation in landslide area using multisensor PSInSAR™ technique[J]. International Journal of Applied Earth Observation & Geoinformation, 2014, 33（1）: 166-180.

[30] Ciampalini A, Raspini F, Lagomarsino D, et al. Landslide susceptibility map refinement using PSInSAR data[J]. Remote Sensing of Environment, 2016, 184: 302-315.

[31] Strozzi T, Caduff R, Wegmüller U, et al. Widespread surface subsidence measured with satellite SAR interferometry in the Swiss alpine range associated with the construction of the Gotthard Base Tunnel[J]. Remote Sensing of Environment, 2017, 190: 1-12.

[32] Berardino P, Fornaro G, Lanari R, et al. A new algorithm for surface deformation monitoring based on small baseline differential SAR interferograms[J]. IEEE Transactions on Geoscience & Remote Sensing, 2003, 40（11）: 2375-2383.

[33] Lanari R, Mora O, Manunta M, et al. A small-baseline approach for investigating deformations on full-resolution differential SAR interferograms[J]. Geoscience & Remote Sensing IEEE Transactions on, 2004, 42（7）: 1377-1386.

[34] Casu F, Manzo M, Lanari R. A quantitative assessment of the SBAS algorithm performance for surface deformation retrieval from DInSAR data[J]. Remote Sensing of Environment, 2006, 102（3）: 195-210.

[35] Chaussard E, Wdowinski S, Cabral-Cano E, et al. Land subsidence in central Mexico detected by ALOS InSAR time-series[J]. Remote Sensing of Environment, 2014, 140（1）: 94-106.

[36] Hooper A. A multi‐temporal InSAR method incorporating both persistent scatterer and small baseline approaches[J]. Geophysical Research Letters, 2008, 35（16）: 96-106.

[37] Lanari R, Berardino P, Bonano M, et al. Surface displacements associated with the L'Aquila

2009 Mw 6.3earthquake（central Italy）：New evidence from SBAS-DInSAR time series analysis[J]. Geophysical Research Letters，2010，37（20）：L20309-1-L20309-6.

[38]   Usai S，Klees R. On the interferometric characteristics of anthropogenic features[C]//Geoscience and Remote Sensing Symposium，1999. IGARSS '99 Proceedings. IEEE 1999 International. IEEE，2000，3：1734-1736.

[39]   Usai S. A New approach for longterm monitoring of deformations by differential SAR Interferometry[M]. Delft：Delft University Press，2001.

[40]   Usai S. A least-squares approach for long-term monitoring of deformations with differential SAR interferometry[C]//Geoscience and Remote Sensing Symposium，2002. IGARSS '02. 2002 IEEE International. IEEE，2002，2：1247-1250.

[41]   Usai S，Gaudio C D，Borgstrom S，et al. Monitoring Terrain Deformations at Phlegrean Fields with SAR Interferometry[J]. IEEE Transactions on Geoscience and Remote Sensing，2003，41（4）：753-760..

[42]   Caro Cuenca M，Esfahany S S，Hanssen R F. A least square approach for joining persistent scatterer insar time series acquired by different satellites[C]. ESA Living Planet Symposium，2010.

[43]   Blanco-Sánchez P，Mallorquí J J，Duque S，et al. The Coherent Pixels Technique（CPT）：An advanced dinsar technique for nonlinear deformation monitoring[J]. Pure & Applied Geophysics，2008，165（6）：1167-1193.

[44]   葛大庆，王艳，郭小方，等. 基于相干点目标的多基线 D-InSAR 技术与地表形变监测[J]. 遥感学报，2007，11（4）：574-580.

[45]   葛大庆. 区域性地面沉降 InSAR 监测关键技术研究[D]. 北京：中国地质大学（北京），2013.

[46]   Ge D，Zhang L，Wang Y，et al. Regional ground settlement monitoring method based on multiple track and long strip CTInSAR（coherent target synthetic aperture radar interferometry），CN 104122553 A[P]. 2014.

[47]   Zhang L，Lu Z，Ding X，et al. Mapping ground surface deformation using temporarily coherent point SAR interferometry：Application to Los Angeles Basin[J]. Remote Sensing of Environment，2012，117（1）：429-439.

[48]   Dai K，Liu G，Yu B，et al. Detecting subsidence along a High Speed Railway by ultrashort baseline TCP-InSAR with high resolution images[C]. ISPRS-International Archives of the

Photogrammetry，Remote Sensing and Spatial Information Sciences，2013：61-65.

[49] Dai K，Liu G，Li Z，et al. Extracting vertical displacement rates in Shanghai（China） with multi-platform SAR images[J]. Remote Sensing，2015，7（8）：9542-9562.

[50] Sun Q，Hu J，Zhang L，et al. Towards slow-moving landslide monitoring by integrating multi-sensor InSAR time series datasets：The Zhouqu case study，China[J]. Remote Sensing，2016，8（11）：908.

[51] Werner C，Wegmuller U，Wiesmann A，et al. Interferometric point target analysis with JERS-1 L-band SAR data[C]//Geoscience and Remote Sensing Symposium，2003. IGARSS '03. Proceedings. 2003 IEEE International. IEEE，2003，7：4359-4361.

[52] Stramondo S，Bozzano F，Marra F，et al. Subsidence induced by urbanisation in the city of Rome detected by advanced InSAR technique and geotechnical investigations[J]. Remote Sensing of Environment，2008，112（6）：3160-3172.

[53] Jiang L，Lin H，Cheng S. Monitoring and assessing reclamation settlement in coastal areas with advanced InSAR techniques：Macao city（China） case study[J]. International Journal of Remote Sensing，2011，32（13）：3565-3588.

[54] 刘国祥，丁晓利，李志林，等. InSAR DEM 的质量评价[J]. 遥感信息，2000（4）：7-20.

[55] 刘国祥，丁晓利，陈永奇，等. 极具潜力的空间对地观测新技术——合成孔径雷达干涉[J]. 地球科学进展，2000，15（6）：734-740.

[56] 陈军. 机遇与挑战并存——论测绘发展观念[J]. 地理信息世界，1996（2）：19-22.

[57] 闵宜仁. 新技术对测绘未来发展的影响[J]. 地理信息世界，2000，6（1）：3-7.

[58] 宁津生. 现代大地测量的发展[J]. 中国测绘，1997（2）：2-7.

[59] 刘国祥，刘文熙，黄丁发. InSAR 技术及其应用中的若干问题[J]. 测绘通报，2001（8）：10-12.

[60] 李德仁，周月琴，马洪超. 卫星雷达干涉测量原理与应用[J]. 测绘科学，2000，25（1）：9-12.

[61] 廖明生，卢丽君，王艳，等. 基于点目标分析的 InSAR 技术检测地表微小形变的研究[J]. 城市地质，2006，1（2）：40-43.

[62] 王超，张红，刘智，等. 苏州地区地面沉降的星载合成孔径雷达差分干涉测量监测[J]. 自然科学进展，2002（6）：63-66.

[63] 张勤，赵超英，丁晓利，等. 利用 GPS 与 InSAR 研究西安现今地面沉降与地裂缝时空演化特征[J]. 地球物理学报，2009，52（5）：1214-1222.

[64] 陶秋香，刘国林，刘伟科. L 和 C 波段雷达干涉数据矿区地面沉降监测能力分析[J]. 地球物理学报，2012，55（11）：3681-3689.

[65] 葛大庆，夏耶，郭小方，等. 利用相干目标 D-InSAR 技术监测地面沉降[C]. 第二届全国地面沉降学术研讨会论文集，2006：122-126，199.

[66] 张学东，葛大庆，吴立新，等. 基于相干目标短基线 InSAR 的矿业城市地面沉降监测研究[J]. 煤炭学报，2012，37（10）：1606-1611.

[67] 曲菲霏. 基于 TerraSAR-X 影像的 InSAR 地表高程重建及区域形变监测关键技术研究[D]. 西安：长安大学，2012.

[68] 张海波，李宗春，许兵，等. IPTA 方法在地面沉降监测中的应用[J]. 测绘科学技术学报，2016，33（2）：145-149.

[69] 陈蓓蓓. 北京地区地面沉降监测及风险评价研究[D]. 北京：首都师范大学，2009.

[70] Zeng Q，Li Y，Li X. Correction of tropospheric water vapour effect on ASAR interferogram using synchronous MERIS data [C]. 2007 IEEE International Geoscience and Remote Sensing Symposium. IEEE，2007：2086-2089.

[71] 陈强，刘国祥，胡植庆，等. GPS 与 PS-InSAR 联网监测的台湾屏东地区三维地表形变场[J]. 地球物理学报，2012，55（10）：3248-3258.

[72] 罗三明，单新建，朱文武，等. 多轨 PSInSAR 监测华北平原地表垂直形变场[J]. 地球物理学报，2014（10）：3129-3139.

[73] 秦晓琼，杨梦诗，王寒梅，等. 高分辨率 PS-InSAR 在轨道交通形变特征探测中的应用[J]. 测绘学报，2016，45（6）：713-721.

[74] Sun H，Zhang Q，Zhao C，et al. Monitoring land subsidence in the southern part of the lower Liaohe plain，China with a multi-track PS-InSAR technique[J]. Remote Sensing of Environment，2017，188：73-84.

[75] 葛大庆，王艳，郭小方，等. 利用短基线差分干涉纹图集监测地表形变场[J]. 大地测量与地球动力学，2008，28（2）：61-66.

[76] 吴宏安，张永红，陈晓勇，等. 基于小基线 DInSAR 技术监测太原市 2003—2009 年地表形变场[J]. 地球物理学报，2011，54（3）：673-680.

[77] 尹宏杰，朱建军，李志伟，等. 基于 SBAS 的矿区形变监测研究[J]. 测绘学报，2011，40（1）：52-58.

[78] 杨成生，张勤，赵超英，等. 短基线集 InSAR 技术用于大同盆地地面沉降、地裂缝及断裂
　　　 活动监测[J]. 武汉大学学报（信息科学版），2014，39（8）：945-950.

[79] 林辉，柯长青. COSMO-SkyMed 数据在常州市地表形变监测中的应用[J]. 遥感技术与应
　　　 用，2016，31（3）：599-606.

[80] 张金芝，黄海军，毕海波，等. SBAS 时序分析技术监测现代黄河三角洲地面沉降[J]. 武汉
　　　 大学学报（信息科学版），2016，41（2）：242-248.

[81] Torbjörn E Törnqvist，Wallace D J，Storms J E A，et al. Mississippi delta subsidence primarily
　　　 caused by compaction of holocene strata[J]. Nature Geoscience，2008，1（3）：173-176.

[82] Teatini P，Tosi L，Strozzi T. Quantitative evidence that compaction of Holocene sediments
　　　 drives the present land subsidence of the Po Delta，Italy[J]. Journal of Geophysical Research
　　　 Solid Earth，2011，116（B8）.

[83] Galloway D L. Subsidence induced by underground extraction[M]. Netherlands：Springer
　　　 Netherlands，2013.

[84] 张永伟. 华北平原德州地面沉降成生机理、监测预警与可控性研究[D]. 济南：山东大学，2014.

[85] Teatini P，Tosi L，Strozzi T，et al. Mapping regional land displacements in the Venice coastland
　　　 by an integrated monitoring system[J]. Remote Sensing of Environment，2005，98（4）：403-413.

[86] Burbey T J. Three-dimensional deformation and strain induced by municipal pumping，Part 2：
　　　 Numerical analysis[J]. Journal of Hydrology，2006，330（3）：422-434.

[87] Budhu M，Adiyaman I B. Mechanics of land subsidence due to groundwater pumping[J].
　　　 International Journal for Numerical & Analytical Methods in Geomechanics，2010，34（14）：
　　　 1459-1478.

[88] Bakr M. Influence of groundwater management on land subsidence in deltas[J]. Water
　　　 Resources Management，2015，29（5）：1541-1555.

[89] Yasuhara K，Kazama M. Land subsidence of clay deposits after the Tohoku-Pacific Ocean
　　　 Earthquake[J]. Proceedings of the International Association of Hydrological Sciences，2015，
　　　 372：211-216.

[90] Motagh M，Shamshiri R，Haghighi M H，et al. Quantifying groundwater exploitation induced
　　　 subsidence in the Rafsanjan plain，southeastern Iran，using InSAR time-series and in situ
　　　 measurements[J]. Engineering Geology，2017，218：134-151.

[91] Bell J W，Amelung F，Ramelli A R，et al. Land subsidence in las vegas，nevada，1935-2000：New geodetic data show evolution，revised spatial patterns，and reduced rates[J]. Environmental & Engineering Geoscience，2002，8（3）：155-174.

[92] Bell J W，Amelung F，Ferretti A，et al. Permanent scatterer InSAR reveals seasonal and long-term aquifer-system response to groundwater pumping and artificial recharge[J]. Water Resources Research，2008，44（2）：282-288.

[93] Burbey T J. Use of time-subsidence data during pumping to characterize specific storage and hydraulic conductivity of semi-confining units[J]. Journal of Hydrology，2003，281（1-2）：3-22.

[94] Burbey T J，Warner S M，Blewitt G，et al. Three-dimensional deformation and strain induced by municipal pumping，Part 1：Analysis of field data[J]. Journal of Hydrology，2006，319（1-4）：123-142.

[95] Chaussard E，Amelung F，Abidin H，et al. Sinking cities in Indonesia：ALOS PALSAR detects rapid subsidence due to groundwater and gas extraction[J]. Remote Sensing of Environment，2013，128（1）：150-161.

[96] Gonzalez P J，Fernandez J. Drought-driven transient aquifer compaction imaged using multitemporal satellite radar interferometry[J]. Geology，2011，39（6）：551-554.

[97] González P J，Tiampo K F，Palano M，et al. The 2011 Lorca earthquake slip distribution controlled by groundwater crustal unloading[J]. Nature Geoscience，2012，5（11）：821-825.

[98] Rigo A，Béjar-Pizarro M，Martínez-Díaz J. Monitoring of Guadalentín valley（southern Spain）through a fast SAR Interferometry method[J]. Journal of Applied Geophysics，2013，91（4）：39-48.

[99] Boni R，Herrera G，Meisina C，et al. Twenty-year advanced DInSAR analysis of severe land subsidence：The alto guadalentín basin（spain）case study[J]. Engineering Geology，2015，198：40-52.

[100] Tiampo K F，Ouegnin F A，Valluri S，et al. An elliptical model for deformation due to groundwater fluctuations[J]. Pure & Applied Geophysics，2012，169（8）：1443-1456.

[101] Geertsma J. Land subsidence above compacting oil and gas reservoirs[J]. Journal of Petroleum Technology，1973，25（6）：734-744.

[102] Samsonov S V，Tiampo K F，Feng W. Fast subsidence in downtown of Seattle observed with satellite radar[J]. Remote Sensing Applications Society & Environment，2016，4：179-187.

[103] Lio C D, Teatini P, Strozzi T, et al. Understanding land subsidence in salt marshes of the Venice Lagoon from SAR Interferometry and ground-based investigations[J]. Remote Sensing of Environment, 2018, 205: 56-70.

[104] 龚士良. 上海软黏土微观特性及在土体变形与地面沉降中的作用研究[J]. 工程地质学报, 2002, 10 (4): 378-384.

[105] 叶淑君, 薛禹群, 张云, 等. 上海区域地面沉降模型中土层变形特征研究[J]. 岩土工程学报, 2005, 27 (2): 140-147.

[106] 薛禹群, 张云, 叶淑君, 等. 我国地面沉降若干问题研究[J]. 高校地质学报, 2006, 12 (2): 153-160.

[107] 罗跃, 叶淑君, 吴吉春, 等. 上海市地下水位大幅抬升条件下土层变形特征分析[J]. 高校地质学报, 2015, 21 (2): 243-254.

[108] 李红霞, 张建雄, 赵新华. 基于混沌优化 BP 神经网络的地面沉降模型[J]. 中国矿业大学学报, 2008, 37 (3): 396-401.

[109] 丁德民, 马凤山, 张亚民, 等. 高层建筑物荷载与地下水开采叠加作用下的地面沉降特征[J]. 工程地质学报, 2011, 19 (3): 433-439.

[110] 骆祖江, 李朗, 姚天强, 等. 松散承压含水层地区深基坑降水三维渗流与地面沉降耦合模型[J]. 岩土工程学报, 2006, 28 (11): 1947-1951.

[111] 金玮泽, 骆祖江, 陈兴贤, 等. 地下水渗流与地面沉降耦合模拟[J]. 地球科学（中国地质大学学报）, 2014, 39 (5): 611-619.

[112] 贾莹媛, 黄张裕, 张蒙, 等. 含水组地下水位变化对地面沉降影响的多元回归分析与预测[J]. 工程勘察, 2013, 41 (1): 77-80.

[113] 熊小锋, 罗跃, 施小清, 等. 基于 TOUGH2-FLAC（3D）耦合的三维地面沉降数值模拟及控制策略研究[J]. 高校地质学报, 2017, 23 (1): 172-180.

[114] 董成志, 江思珉, 夏学敏, 等. 基于 MODFLOW-SUB 模块的地层压缩与地面沉降模拟研究[J]. 工程勘察, 2017 (11): 42-48.

[115] 何庆成, 叶晓滨, 李志明, 等. 华北平原地面沉降调查与监测综合研究[J]. 水文地质工程地质, 2009, 36 (1): 142-146.

[116] 朱菊艳, 郭海朋, 李文鹏, 等. 华北平原地面沉降与深层地下水开采关系[J]. 南水北调与水利科技, 2014 (3): 165-169.

[117] 石建省，郭娇，孙彦敏，等. 京津冀德平原区深层水开采与地面沉降关系空间分析[J]. 地质论评，2006, 52（6）: 804-809.

[118] 张永红，吴宏安，康永辉. 京津冀地区 1992—2014 年三阶段地面沉降 InSAR 监测[J]. 测绘学报，2016, 45（9）: 1050-1058.

[119] 瞿伟，徐超，张勤. 利用压密方程计算分析西安市地面沉降特征[J]. 测绘工程，2016, 25（2）: 6-10.

[120] 李曼，葛大庆，张玲，等. 基于 PSInSAR 技术的曹妃甸新区地面沉降发育特征及其影响因素分析[J]. 国土资源遥感，2016, 28（4）: 119-126.

[121] 杨勇，郑凡东，刘立才，等. 北京平原区地下水水位与地面沉降关系研究[J]. 工程勘察，2013, 41（8）: 44-48.

[122] 段金平. 北京市地面沉降监测网站预警预报系统（二期）工程开建[J]. 城市地质，2007（2）: 36.

[123] 赵守生，刘明坤，周毅. 北京市地面沉降监测网建设[J]. 城市地质，2008, 3（3）: 40-44.

[124] 王荣，贾三满，赵立新. 北京市地面沉降监测标设计与施工技术[J]. 城市地质，2012, 7（1）: 46-50.

[125] 田芳，罗勇，周毅，等. 北京地面沉降分层监测动态变化特征[J]. 上海国土资源，2014, 35（4）: 5.

[126] 姜媛，杨艳，王海刚，等. 北京平原区地面沉降的控制与影响因素[J]. 上海国土资源，2014, 35（4）: 130-133.

[127] 王洒，宫辉力，杜钊峰，等. 基于 PSInSAR 技术的地面沉降监测研究——以北京怀柔区为例[J]. 测绘科学，2012, 37（3）: 76-78.

[128] 雷坤超，陈蓓蓓，贾三满，等. 基于 PS-InSAR 技术的北京地面沉降特征及成因初探[J]. 光谱学与光谱分析，2014, 34（8）: 2185-2189.

[129] 刘欢欢，张有全，王荣，等. 京津高铁北京段地面沉降监测及结果分析[J]. 地球物理学报，2016, 59（7）: 2424-2432.

[130] 贾三满，王海刚，赵守生，等. 北京地面沉降机理研究初探[J]. 城市地质，2007, 2（1）: 20-26.

[131] 杨艳，王荣，罗勇. 北京典型地面沉降区土体压缩特征研究[J]. 现代地质，2016, 30（3）: 716-722.

[132] 杨健，李智毅，陈庆寿. 北京市平原区建设用地地面沉降评估——以北京市外二环京哈高速公路—京密路段沉降区为例[J]. 地质与勘探，2003, 39（1）: 86-90.

[133] 周毅，罗郧，贾三满，等. 灰色线性回归组合模型在北京地面沉降分层预测中的应用[J]. 城市地质，2014（4）：52-56.

[134] 范珊珊，郭海朋，朱菊艳，等. 线性回归模型在北京平原地面沉降预测中的应用[J]. 中国地质灾害与防治学报，2013，24（1）：70-74.

[135] Gao M L, Gong H, Chen B, et al. InSAR time-series investigation of long-term ground displacement at Beijing Capital International Airport, China[J]. Tectonophysics, 2016, 691: 271-281.

[136] Chen M, Tomás R, Li Z, et al. Imaging land subsidence induced by groundwater extraction in Beijing（China）using satellite radar interferometry[J]. Remote Sensing, 2016, 8（6）: 468.

[137] Chen B B, Gong H, Lei K, et al. Characterization and causes of land subsidence in Beijing, China[J]. International Journal of Remote Sensing, 2017, 38（3）: 808-826.

[138] 陈蓓蓓，宫辉力，李小娟，等. 北京市典型地区地面沉降演化过程与机理分析[M]. 北京：中国环境出版社，2015.

[139] Dong J, Zhang L, Tang M, et al. Mapping landslide surface displacements with time series SAR interferometry by combining persistent and distributed scatterers: A case study of Jiaju landslide in Danba, China[J]. Remote Sensing of Environment, 2018, 205: 180-198.

[140] Lefever D W. Measuring geographic concentration by means of the standard deviational ellipse[J]. American Journal of Sociology, 1926: 88-94.

[141] Yuill R S. The standard deviational ellipse: An updated tool for spatial description[J]. Geografiska Annaler. Series B. Human Geography, 1971: 28-39.

[142] Furfey P H. A note on Lefever's "standard deviational ellipse"[J]. American Journal of Sociology, 1927, 33（1）: 94-98.

[143] 赵媛，杨足膺，郝丽莎，等. 中国石油资源流动源——汇系统空间格局特征[J]. 地理学报，2012，67（4）：455-466.

[144] 魏继伟. 基于遥感图像的土地利用分类研究[D]. 长春：东北师范大学，2012.

[145] 张晓贺. 决策树分类器的实现及在遥感影像分类中的应用[D]. 兰州：兰州交通大学，2013.

[146] 管珍，曹广超，易俊柱. 面向对象的遥感影像分类研究[J]. 科技创新导报，2010（34）：8-10.

[147] 查力. 北京城区内涝的空间分布特征研究及风险分析[D]. 北京：首都师范大学，2014.

[148] 何晓群. 多元统计分析[M]. 2版. 北京：中国人民大学出版社，2008.

[149] 周毅，田芳，杨艳. 北京地区第四纪沉积特征与沉降监测标孔布设[J]. 上海国土资源，2014，

35（4）：5.

[150] 徐涵秋. 一种基于指数的新型遥感建筑用地指数及其生态环境意义[J]. 遥感技术与应用，2007，22（3）：301-308.

[151] Huete A R. A soil-adjusted vegetation index（SAVI）[J]. Remote Sensing of Environment，1988，25（3）：295-309.

[152] 徐涵秋. 利用改进的归一化差异水体指数（MNDWI）提取水体信息的研究[J]. 遥感学报，2005，9（5）：589-595.

[153] 杨山. 发达地区城乡聚落形态的信息提取与分形研究——以无锡市为例[J]. 地理学报，2000，55（6）：671-678.

[154] 查勇，倪绍祥，杨山. 一种利用 TM 图像自动提取城镇用地信息的有效方法[J]. 遥感学报，2003，7（1）：37-40.

[155] 孙鑫. 机器学习中特征选问题研究[D]. 长春：吉林大学，2013.

[156] Langley P. Elements of machine learning[M]. San Francisco：Morgan Kaufmann Publishers Inc.，1995.

[157] Alpaydin E. Introduction to Machine Learning（Adaptive Computation and Machine Learning）[M]// Introduction to Machine Learning. MIT Press，2004：28.

[158] Hansen L K，Salamon P. Neural Network Ensembles[J]. IEEE Transactions on Pattern Analysis & Machine Intelligence，2002，12（10）：993-1001.

[159] Cherkauer K J. Human Expert-Level Performance on a Scientific Image Analysis Task by a System Using Combined Artificial Neural Networks[C]. Working Notes of the Aaai Workshop on Integrating Multiple Learned Models，1996.

[160] 唐伟，周志华. 基于 Bagging 的选择性聚类集成[J]. 软件学报，2005，16（4）：496-502.

[161] 赵向辉，付忠良，谢会云，等. 神经网络和集成学习在地质灾害危险度区划中的应用研究[J]. 四川大学学报（工程科学版），2010，42（S1）：50-55.

[162] 杜培军，阿里木·赛买提. 高分辨率遥感影像分类的多示例集成学习[J]. 遥感学报，2013，17（1）：77-97.

[163] 马旸，强小辉，蔡冰，等. 大规模网络中基于集成学习的恶意域名检测[J]. 计算机工程，2016，42（11）：170-176.

缩写词索引

InSAR: Interferometric Synthetic Aperture Radar

D-InSAR: Differential Interferometric Synthetic Aperture Radar

SBAS-InSAR: Small Baseline Subset Interferometric Synthetic Aperture Radar

PS-InSAR: Persistent Scatterer Interferometric Synthetic Aperture Radar

LS: Least Square

CPT-InSAR: Coherence Target/Coherence Point Target Interferometric Synthetic Aperture Radar

TCP-InSAR: Temporal Coherence Point Interferometric Synthetic Aperture Radar

IPTA: Interferometric Point Target Analysis

GPS: Global Positioning System

USBL: Ultrashort Baseline

名词解释

空间格局：生态或地理要素的空间分布与配置。

莫兰指数：反映空间自相关程度，空间自相关表明一个区域上的某种地理现象或其中某一个属性值与相邻单元上相同现象或属性值的相似程度，在本研究（地面沉降研究）中，用以反映某一乡镇与其相邻区域沉降的相似程度，两个乡镇的相似程度越大，表示两个乡镇的不均匀性越弱；两个乡镇的相似程度越小，表示两个乡镇的不均匀性越强。

模式：事物的标准样式，或用来说明事物结构的主观理性形式。

动载荷：随时间作明显变化的载荷，即具有较大加载速率的载荷。

数据场：数据经过辐射所形成，是一种描述和计算每一个数据对整个数域空间的作用的虚拟空间场。

SAVI：土壤调节植被指数。

MNDWI：修正的归一化水体指数。

NDBI：归一化建筑指数。

IBI：遥感建设用地指数。

公式释义

B：空间基线，m

α：基线倾角，是基线距离 B 与水平方向的夹角，°

$B_{\parallel}$：平行于视线向的分量，m

$B_{\perp}$：垂直于视线向的分量，m

φ：干涉相位，取值范围为 $[-\pi, \pi]$

λ：波长，m

ΔR：地表在雷达视线向上发生的形变位移，mm

$\{\overline{X}, \overline{Y}\}$：SDFP 点的平均中心

S_0：所有空间权重的聚合

w：权重值，取值范围为 0～1

h_{col}：Spectral Heterogeneity，光谱异质性

h_{sha}：Shape Heterogeneity，形状异质性

h_{com}：紧密度

h_{smo}：光滑度

$K(x)$：单位势函数

σ：影响因子

NIR：近红外波段

RED：短红外波段

L：土壤调节因子，取值范围为 0～1

GREEN：绿波段

MIR：中红外波段

SWIR：短红外波段